新型农民现代农业技术与技能培训丛书

奶牛挤奶员培训教材

张晓明　刘继军　编著

金盾出版社

内 容 提 要

本书系《新型农民现代农业技术与技能培训丛书》的一个分册，根据农业职业岗位培训的技术要求编写。本书的内容包括：奶牛挤奶员的岗位职责与素质要求，奶牛场的组成与生产工艺，奶牛挤奶员须具备的基础知识，挤奶设备简介，挤奶方法与挤奶技术，牛奶的质量控制，挤奶员劳动管理等内容。本书从强化培养操作技能，掌握一门实用技术的角度出发，较好地体现了本岗位当前最新实用知识和操作技能，理论深入浅出，语言通俗易懂，适用于县(市)、乡(镇)和农业企业相关工种的岗位培训，并可供广大青年农民自学使用。

图书在版编目(CIP)数据

奶牛挤奶员培训教材/张晓明，刘继军编著.—北京：金盾出版社，2008.9

(新型农民现代农业技术与技能培训丛书)

ISBN 978-7-5082-5219-3

Ⅰ.奶… Ⅱ.①张…②刘… Ⅲ.乳牛-挤乳-技术培训-教材 Ⅳ.S823.9

中国版本图书馆 CIP 数据核字(2008)第 129640 号

金盾出版社出版、总发行

北京太平路 5 号(地铁万寿路站往南)

邮政编码:100036 电话:68214039 83219215

传真:68276683 网址:www.jdcbs.cn

封面印刷:北京金盾印刷厂

正文印刷:北京华正印刷有限公司

装订:北京华正印刷有限公司

各地新华书店经销

开本:850×1168 1/32 印张:4.5 字数:103 千字

2008 年 9 月第 1 版第 1 次印刷

印数:1—10000 册 定价:8.00 元

序　言

中共中央、国务院[2007]1号文件明确指出，加强“三农”工作，积极发展现代农业，扎实推进社会主义新农村建设，是全面落实科学发展观、构建社会主义和谐社会的必然要求，是加快社会主义现代化建设的重大任务。

我国农业人口众多，发展现代农业、建设社会主义新农村，是一项伟大而艰巨的综合工程，不仅需要深化农村综合改革、加快建立投入保障机制、加强农业基础建设、加大科技支撑力度、健全现代农业产业体系和农村市场体系，而且必须注重培养新型农民，造就建设现代农业的人才队伍。

胡锦涛总书记在党的十七大报告中进一步指出，要培育有文化、懂技术、会经营的新型农民，发挥亿万农民建设新农村的主体作用。

新型农民是一支数以亿计的现代农业劳动大军，这支队伍的建立和壮大，只靠学校培养是远远不够的，主要应通过对广大青壮年农民进行现代农业技术与技能的培训来实现。金盾出版社在对农业岗位培训进行广泛调研的基础上，与中国农业大学老科技工作者协会、华中农业大学老教授协会等单位共同策划，约请数百名农业专家、学者参加，组织编写了“新型农民现代农业技术与技能培训丛书”(以下简称“丛书”)。“丛书”坚持从现阶段我国青壮年农民的文化技术水平出发，突出现代农业技术与技能的传授，注重其先进性和实用性；“丛书”以教材形式编写，共有88个分册，涉及81个农业岗位，除水稻农艺工、蔬菜园艺工、蔬菜植保员、果树植保员分南方本和北方本外，其他均为一个岗位一本培训教材，以方便县(市)、乡(镇)、村组织新型农民培训和农业企业进行岗位培训时选用。“丛书”的组编和出版，还得到了河北农业大学、沈阳农业大学、西北农林科技大学、甘肃农业大学、北京农学院、山东畜牧兽医职业技术学院、大连民族学院、中国农业科学院茶叶研究所、中国农业科学院油料研究所、中国农业科学院郑州果树研究所、中国农业科学院特产研究所、中国农业科学院桑蚕研究所、中国养蜂学会、内蒙古自治区农牧科学院、甘肃省蔬菜研究所、山东省果树研究所、广西壮族自治区柑桔研究所、山西省畜牧兽医研究所等单位部分专家、教授的支持和参与，并列入劳动和社会保障部《全国职业培训与技能鉴定用书目录》，进行推荐，使我们深感欣慰，在此表示衷心感谢。我们希望和相信，通过“丛书”的出版发行，能为新型农民队伍的发展壮大贡献一份力量，也能为现代农业技术与技能培训积累一些可供借鉴的经验。

“丛书”编写时间有限，各分册存在不足或错漏在所难免，恳请同仁和各使用单位批评指正。

编 委 会

2008 年 1 月

目　录

第一章　奶牛挤奶员的岗位职责与素质要求

一、奶牛挤奶员的岗位职责

采用散栏饲养管理工艺的奶牛场，挤奶在专门的挤奶厅进行，在挤奶厅工作的挤奶员专职操作挤奶设备进行挤奶，不从事任何其他工作。

采用拴系饲养管理工艺的奶牛场，挤奶在牛舍中与饲喂同时进行，采用管道式挤奶设备挤奶，挤奶员同时也是饲养员。

挤奶员的工作包括：挤奶前乳房的清洁与消毒，操作挤奶设备挤奶，挤奶后对奶牛乳头进行药浴，清洗挤奶设备；观察奶牛乳房情况和牛奶形态，及时发现奶牛乳房、牛奶形态和产奶量的异常情况；观察奶牛的行为，及时发现奶牛的异常行为表现。

与挤奶员相关的另一个工作岗位是挤奶机房与贮奶间的操作员。在采用散栏饲养管理工艺的奶牛场，挤奶机房和贮奶间与挤奶厅建在一起；采用拴系饲养管理工艺的奶牛场，挤奶机房和贮奶间建在一起。挤奶机操作员与贮奶间操作员是不同的工作岗位，挤奶机操作员主要负责挤奶机械的运行与维护，贮奶间操作员主要负责鲜奶的初步处理、保存和运输（送至乳品加工厂）。但由于这两个岗位需要的人员非常少，在工作上又有一定的联系，所以按照同一岗位进行设置，以提高工作效率，降低人工成本。挤奶员与挤奶机操作员和贮奶间操作员的工作有很密切的联系，有的奶牛场也将上述3个岗位一起设置，即挤奶厅操作员。

二、奶牛挤奶员的素质要求

挤奶员是奶牛场数量较多的一个岗位，占整个奶牛场人员编制的1/4左右，也是奶牛场中最重要的生产岗位。挤奶员工作的好坏，不仅直接影响到奶牛的生产性能，还关系到奶牛的健康与牛奶的质量。因此，应对奶牛场挤奶员的素质提出比较具体的要求，一方面作为奶牛场招聘人员的参考标准，另一方面也可作为挤奶岗位上的工作人员自身学习和努力的方向和目标。

奶牛挤奶员除了应满足热爱祖国、遵纪守法等作为一般公民的基本要求外，还应具备如下素质。

（一）身体健康，体力充沛

奶牛挤奶员每天接触奶牛和牛奶，牛奶是人类的食品，人、牛、产品之间存在着病原性微生物和寄生虫传播的可能性。更为重要的是，牛与人之间存在着几种重要的人兽共患病，如结核病、布鲁氏菌病等。另外，奶牛挤奶员属于体力劳动，工作时间相对较长，劳动强度较大，因此要求奶牛挤奶员首先必须有一个健康、强壮的身体。

（二）严守劳动纪律

奶牛每天都要挤奶，无论刮风下雨、无论过年过节，都不能间断。牛与人一样，要维持身体健康和良好的生产状态，必须遵从自身的生物学规律，有严格的“作息时间”。对挤奶的最基本要求是定时、定人，即每天的挤奶时间必须严格固定，挤奶操作的人员也不能轻易更换，以免影响奶牛的排乳反射，造成产奶量下降，影响奶牛的健康。挤奶员要严格按照规定的工作程序进行挤奶操作，无论遇到什么情况都不能擅自更改牛的“作息时间”和自己的工作程序。因此，作为一名奶牛挤奶员，必须具备严格的组织纪律性。

（三）耐心细致，责任心强

奶牛是动物，与机器相比，动物的最大特点是变化多样。就像人一样，尽管世界上有几十亿人，但找不到两个完全相同的人，牛也是如此。从表面上看，相同品种的牛好像没有多大差别。但实际上，牛的不同个体之间在脾气秉性、生产性能、抵抗力等很多方面有很大的不同。不同奶牛个体的乳房在大小、形状、乳头长短、括约肌松紧等方面存在很大差别。由于不同奶牛所处的泌乳阶段不同，乳房的功能状态也不同，在挤奶过程中，要区别对待。要随时观察牛的精神状态、乳房情况、牛奶的感官性状等情况，及时发现问题并加以解决。因此，要求奶牛挤奶员必须有很强的责任心，耐心细致。

（四）好学上进，对技术精益求精

奶牛挤奶员所从事的虽然是一种体力劳动，但也是一项技术性很强的工作，需要具备一定的专业知识，如奶牛的生物学特性，泌乳生理，牛奶的理化特性、挤奶机械的工作原理等。这些专业知识一般在上岗前的培训中进行初步的学习，然后在工作实践中不断巩固，加深理解，逐步达到灵活应用。奶牛挤奶员必须熟练掌握挤奶的操作技能，具备一定的机械维修技术，才能胜任工作。精湛的挤奶技术不但可以提高产奶量和牛奶的质量，还能有效改善奶牛乳房的健康状态。随着科学的发展，技术的进步，挤奶也将不断采用新的设备、方法与技术，因此要求奶牛挤奶员要不断学习，不断提高自己的业务水平，将本职工作做得尽善尽美，越来越好。由于上述原因，要求奶牛挤奶员必须具备基本的学习和理解能力，即智力发育正常，受过基本的教育（至少初中毕业）。在此基础上，应勤奋好学,愿意动脑筋思考问题,善于理论联系实际。只有这样,才能不断充实自己,永不落伍,永不掉队,始终掌握奶牛挤奶的先进技术,出色地做好挤奶员的本职工作。

第二章　奶牛场的组成与生产工艺

一、奶牛场的牛群结构

作为一名奶牛挤奶员，为了更好地完成所承担的任务，有效履行职责，提高工作效率，有必要了解奶牛场牛群结构。

处于不同生理(或生长)阶段的奶牛在生理特点、生活习性、营养需求等方面存在很大不同。因此，对于这些处于不同生理阶段的牛必须区别对待，根据其各自的不同特点和需求提供相应的条件，如与其相适应的生活场所、日粮和饲养管理制度等。这就要求必须对处于不同生理阶段的牛进行分群管理。奶牛场一般分为哺乳犊牛群、断奶犊牛群、育成牛群、青年牛群、泌乳牛群和干奶牛群，各牛群之间在数量上有一定的比例，即牛群结构。

哺乳犊牛指由母牛产出后到断奶前正在哺乳期的小母牛。目前集约化奶牛场犊牛的哺乳时间在 1.5～3 个月，不同牛场之间差别很大，没有统一的规定。

对于奶牛来讲，一般将出生到 6 月龄(包括 6 月龄)的牛称为犊牛。因此，断奶犊牛是指由断奶到 6 月龄(包括 6 月龄)的牛。

育成母牛指由 7 月龄到初次配种受胎的牛。荷斯坦母牛一般 14～16 月龄配种。

青年母牛指初次配种受胎到初次产犊的牛。荷斯坦母牛妊娠期为 280 天(9.2 个月)。如果育成母牛 15 月龄配种受胎，则在 24 月龄(即满 2 岁)时产犊。

哺乳犊牛、断奶犊牛、育成母牛、青年母牛统称为后备母牛。

成年母牛指第一次产犊以后的母牛。成年母牛必处于产奶与不产奶两种状态之一，前者称泌乳母牛，后者称干奶母牛或干奶牛。

要维持奶牛场正常的生产活动，奶牛场各牛群之间必须有一个合理的比例，所谓的牛群结构即牛场中各类奶牛（处于不同生长阶段的牛）的数量与比例。

由于牛群结构受很多因素的影响，因此合理牛群比例的确定必须先假定某种条件。如果牛群规模保持不变、成年母牛更新率25%、繁殖成活率90%、剩余犊牛在断奶时出售（2.5月龄断奶），在不考虑后备母牛培育过程中成活率的问题时，合理的牛群结构应为：哺乳母犊牛5.8%，断奶母犊牛4.6%，育成母牛15.5%，青年母牛12%，成年母牛62%。在成年母牛中，有17%处于干奶、83%处于泌乳阶段。

二、奶牛场的设施与设备

一方面，奶牛场是饲养奶牛的场所，奶牛是奶牛场的核心，奶牛场的建设都围绕着使牛只安全、舒适和有利于其生产性能的发挥这一目的。另一方面，奶牛场是人们为了通过饲养奶牛而获得牛奶和经济效益的工厂，因此奶牛场的建设除了使奶牛安全、舒适以外，还要使场内的工作人员的工作方便、效率高。

奶牛场的设施设备及其布局与其所采用的生产工艺密切相关，即生产工艺不同其设施设备及其布局也不同，但共性多于差异性。

（一）奶牛场的主要设施

包括生产设施、辅助生产设施、管理办公设施、娱乐、休息、生活设施和公用设施。

奶牛场的生产设施包括：牛舍、牛运动场、挤奶厅、兽医室、配种室、牛只走廊等。

奶牛场的辅助生产设施包括：精料库、饲料加工间、干草棚、青贮窖、消毒更衣室、锅炉房、水井与泵房、配电室(包括备用发电机房)、地磅房、机修间、仓库等。

奶牛场的管理办公设施包括：办公室、资料室、会议室、收发室等。

奶牛场的娱乐、休息、生活设施包括：工作人员休息室、宿舍、食堂、浴室、综合活动室和基本的娱乐休闲设施。

奶牛场的公用设施包括：场区供电、给排水、道路、围墙、停车场、绿化地和厕所等。

(二)奶牛场的主要设备

包括牛舍设备、运动场设备、饲料加工设备、饲喂设备、挤奶设备与牛奶贮存和运输设备、兽医设备、配种设备、运输车辆等。

牛舍设备包括颈枷、卧床、饲槽、饮水设备、环境控制设备(如风扇等)、清粪设备和冲洗设备等。

运动场设备包括护栏、自动饮水装置、粗饲料补饲槽、遮荫棚等。

饲料加工设备包括精饲料加工设备(如粉碎机、混合机等)、粗饲料加工设备(如铡草机、揉搓机等)、青贮饲料设备(如育贮收割机、青贮切割机等)。

饲喂设备包括 TMR 混合车、普通饲喂设备(如铁叉、板锹等)、自动补料设备等。

挤奶设备与牛奶贮存和运输设备详见本书后面相关章节。

兽医设备包括牛场环境清洗消毒设备、牛只保定设备、疾病检查治疗器具、血液尿液生化检验设备、检疫免疫设备、器具消毒设备、外科手术器具、剖检器具、微生物培养设备、修蹄设备、产科器具、冰箱冰柜等。

配种设备包括精液保存设备(如液氮罐等),精液检查设备(如显微镜等),解冻设备,输精设备、妊娠检查设备,产科检查设备,接产、助产器具,产科治疗设备等。

运输车辆包括办公用车、场外和场内运输车辆等。

三、奶牛场的布局

奶牛场的场区按功能划分为既相对独立,又有紧密联系的五个区,即管理办公区、生活区、辅助生产区、奶牛生产区和粪污处理区。各区内分别建设相应的各种设施。各区之间用围墙明确分开,但建有相互联系的各种通道。

管理办公区一般位于场区的最前端,并有主干道与场外公路相连接,以便于与外界联系。管理办公区内主要有办公室、会议室、资料室等设施,在其前面中央或一角建大门,设门卫和收发室。管理办公区设有相应的通道与辅助生产区和生产区相连,方便工作人员通行。

辅助生产区内主要是奶牛生产的辅助设施,包括精饲料库与加工间、干草棚、青贮窖、库房、机修间、锅炉房、水井与泵房、配电室、地磅房等设施。有的奶牛场将辅助生产区建在管理办公区和奶牛生产区之间,即管理办公区之后、奶牛生产区之前;有的奶牛场将辅助生产区建在奶牛生产区的侧面。辅助生产区与奶牛生产区之间有门和道路相连,因为辅助生产区与奶牛生产区在奶牛场日常运行期间发生的联系最多,其中最主要的是饲料(日粮)的运输,这样布局有利于缩短运输距离,降低生产成本。但此二区之间最好能设围墙相互隔开,这样既有利于防疫,也可降低本区域所进行的饲料加工等日常操作所产生的噪声对奶牛的不利影响,同时还能防止奶牛误入辅助生产区偶然事件的发生。

辅助生产区必须有与外界相连的道路,以方便各种饲料原料的运进。辅助生产区与奶牛生产区之间必须设置良好的道路，隔墙门的设计应注意保证饲料运输车辆和设备的顺利通行。青贮窖、干草库、精饲料库、精饲料加工间最好能够邻近布置，这样更方便于制作全混合日粮（TMR）。日粮供应系统最好与泌乳牛舍靠近，因为泌乳牛是奶牛场中比例最高的牛群，也是个体采食量最大的牛群，这样布局可缩短日常生产中日粮运输的距离，降低运行成本。

奶牛生产区是奶牛场的主体，位于辅助生产区的后面或侧面，其后面是粪污处理区。奶牛生产区与其他区域之间一般有围墙相隔，此乃防疫之需要。在奶牛生产区的入口处有车辆消毒池和人员消毒更衣室。

奶牛生产区内有泌乳牛舍、干奶牛舍、青年牛舍、育成牛舍、断奶犊牛舍、哺乳犊牛舍、产牛舍、运动场与凉棚、挤奶厅、兽医室、配种室、奶牛走廊等设施。区内中间为净道，用于饲料的运进；两边为污道，用于粪便的运出。各牛舍之间有便道，用于饲料的运进、粪便的运出及牛只的调动。在泌乳牛舍与挤奶厅之间设奶牛走廊，用于泌乳母牛在牛舍与挤奶厅之间来往。

奶牛生产区内各类设施的建设布局与奶牛的生产工艺流程相适应。一般产牛舍与哺乳犊牛舍、哺乳犊牛舍与断奶犊牛舍、断奶犊牛舍与育成牛舍、育成牛舍与青年牛舍、干奶牛舍和泌乳牛舍相邻，挤奶厅建在各泌乳牛舍中间，配种室和兽医室应与挤奶厅和产牛舍靠近。这样布局可方便各类牛只的转群，使生产及管理更为方便。在奶牛生产区的一角一般建有隔离牛舍，用于患病牛只的隔离。

粪污处理区的主要功能是将场区的废弃物（牛的排泄物及生产、生活废水）做无害化处理和短期贮存。有的牛场还在此基础上兴建有机肥加工厂或沼气生产设施，以牛粪为原料生产特种有机复合肥或沼气，这样既保护了环境，又可创造经济效益。由于防疫和环保的考虑，奶牛场的粪污处理区一般建在场区的最后面，以围墙与奶牛生产区隔开，并向场区外单独开门，以便经无害化处理的牛粪、废水和其他相关产品的直接运出。

奶牛场的生活区包括职工宿舍、食堂、浴室和综合文娱活动设施等。有的奶牛场将其建在办公区旁边，有的牛场将其单独建设。

四、奶牛场的生产工艺

奶牛场的生产工艺指奶牛生产中所采用的管理方式和技术措施，包括牛群的组成与周转方式、饲草饲料的喂饲方式、饮水方式、挤奶方式、清粪方式、犊牛的哺乳方式等。此外，也包括配种、称重、去角、防疫等具体技术措施。

生产工艺是奶牛场建设和经营管理的核心，决定奶牛场的建筑物的种类与形式，设施设备的选择与配备，场内各建筑物及设施的布局，岗位设置与人员配备，生产工艺、生产的组织与管理、各生产环节所采用的具体技术等。因此，无论在奶牛场从事任何工作的人员都应对此非常熟悉。

（一）奶牛场的生产工艺

1. 牛群周转（出生—成年—淘汰） 公犊牛出生后喂完初乳立即出售，在奶牛场饲养一般不超过 3 天。

母犊牛出生后一般直接放入哺乳犊牛栏中饲养，每牛一栏。但必须保证犊牛栏的温度在 0℃以上，否则应在室内犊牛保育栏内饲养约 2 周时间。犊牛断奶后转入断奶犊牛群群饲，但群体不宜过大。

犊牛满 6 月龄后转入育成母牛群饲养。育成母牛按月龄分为两群，即 7～12 月龄的育成母牛和 13 月龄至初配受胎的育成母牛，此两类牛必须分群饲养。育成牛满 14～16 月龄、体重达 350～

380千克时配种。

育成母牛初配受胎后转入青年母牛群饲养。青年母牛也应分成两群,即初配受胎到临产前2个月和临产前两个月到分娩,这两类牛必须分群饲养。

青年母牛产犊后转入成年母牛群。成年母牛应按泌乳阶段分群饲养,即干奶牛群、围产期牛群、泌乳高峰期牛群、泌乳中期牛群、泌乳后期牛群。

成年母牛由于健康问题、严重伤残和年龄偏大等原因而生产性能下降,失去继续饲养的价值时淘汰。产生的空缺由本场培育的后备母牛补充,剩余后备母牛在适当的时间出售。

2. 成年母牛的生产周期(产犊与泌乳)　见第三章第五节。

3. 挤奶、牛奶的初步处理、暂存与运输　奶牛场的主要产品是牛奶。泌乳母牛每天挤奶2~3次,生产的牛奶一般作为原料奶出售给乳品加工厂。乳品加工厂将原料奶进行加工,制成各种不同的乳制品上市销售。

(1)鲜奶的初步处理

①过滤:牛奶在挤出后不免会落入一定数量的尘埃、牛毛、饲料、粪屑及上皮细胞等,这些杂物的混入不仅使牛奶外观不洁,并且带入相当数量的微生物,从而加速牛奶的变质。因此,在鲜奶挤出后或冷却贮存之前必须首先过滤,除去杂质。

②冷却:牛奶在挤出后会被大量微生物污染,牛奶是细菌最好的培养基,尤其刚挤出的牛奶,温度在37℃左右,最适合微生物生长繁殖。为了抑制细菌繁殖,必须迅速将牛奶冷却到4℃~5℃。

(2)鲜奶的暂存　冷却后奶中的微生物并未被杀死,而是暂时受到了抑制,如果温度回升,仍会开始快速繁殖,因而冷却后的鲜奶仍须在4℃~5℃下进行贮存。

(3)鲜奶的运输　将牛奶由奶牛场运至乳品厂的过程中要防止温度升高,在夏季最好选择在早晚或夜间运输。运输工具最好用专用的奶罐车。尽量缩短运输时间,严禁中途停留。运输容器要严格消毒,避免在运输过程中污染牛奶。

4. 粪污的收集与处理 粪污指奶牛排出的粪尿与生产中所产生的污水,是奶牛场的主要污染物和污染源,需要经过适当的处理后才能排放。由于奶牛的采食量和饮水量都很大,消化率较低的粗饲料在日粮中占有一定比例,因此排出的粪尿量很大,冲洗牛舍产生的污水量也很大。

粪污的收集指将生产中产生的粪便、污水收集起来,主要解决的是奶牛场自身(牛舍和运动场等)的卫生和环境问题,避免或减少粪污对牛场环境造成的污染和对奶牛场生产带来的不利影响。大部分奶牛场均采用粪便与污水分离的收集方式,也称固液分离收集方式,即粪便与污水单独进行收集。

牛舍的粪便收集方式一般有机械和人工两种。机械收集方式主要采用刮粪板将牛粪集中到牛舍的特定位置,然后再采用其他方法将其运到牛场外的指定地点进行处理。人工收集主要采用人工的方式,将牛舍内的粪便装入手推车、小型机械动力车(如小四轮拖拉机等)运到牛场外的指定地点处理。目前我国以人工清粪为主。

牛粪处理方式一般采用如下几种:天然堆放,自然发酵,作为生产沼气的原料,生产特种有机肥料。

污水处理方式一般采用如下几种:沉淀池自然发酵,水生植物净化,接种微生物发酵。

(二)奶牛场的生产模式

奶牛场的生产模式大体分为两种,即全年均衡生产模式和按季节集中配种产犊生产模式。

1. 全年均衡生产模式 处于这种模式下,母牛的配种与产犊大体均匀地分布于全年各个月份,使得全年各月份的全群产奶量基本相同,各阶段牛的转群也是持续不断地均匀发生。这种生产模式能够保证牛场的生产在一年中始终保持在一种相对稳定的状态下。这种生产模式有如下优点:第一,各类牛群的规模相对稳定,生产设施设备利用率高,节省牛场基本建设投资;第二,全年产品产量基本稳定,与市场需求相适应,便于产品销售;第三,各种生产资源(如饲料、动力、人工等)的投入相对稳定,劳动生产率高,原材料供应方便。但这种生产方式也有缺点,即全场牛群始终处于不同的生理与生产状态,管理上比较烦琐。

2. 按季节集中配种产犊生产模式　采用同期发情技术,将全场繁殖母牛集中在某几个阶段集中配种受胎。在这种生产模式下,全场各类奶牛分成大小不等的群体,同一群体的奶牛处于大致相同的生理和生产状态下,犊牛哺乳与断奶、育成母牛的初配、繁殖母牛的配种、干奶和产犊牛的转群等生产环节按批次同步进行。这种生产模式的优点是便于生产的组织,简化管理程序,可在一定程度上提高生产效率和奶牛的生产性能。此种生产模式的最大问题是生产中各种生产资源(如饲料、动力、人工等)的投入、产品的产出在时间上不均衡,这样必然给产品的销售和人员的组织带来很大的困难。从牛场建设的角度考虑,在按季节集中配种产犊生产模式下,各类牛群的数量很不稳定,牛场各建筑与设施的占用率不均衡,使用率低,在一年中某些设施和设备会有很长的闲置时间,因此在相同的饲养规模下,牛场的占地面积、建筑面积、设备数量和规格等均大于全年均衡生产模式,因而建设费用大大提高。

目前大部分奶牛场实行全年均衡生产模式。

(三)奶牛的饲养管理工艺

1. 各类牛群的饲养管理方式

(1)哺乳犊牛的饲养管理方式　奶牛场的哺乳犊牛一般采用室外犊牛栏草栏饲养、人工哺乳方式,国外也有采用机械哺乳的

(主要用人工哺乳),而自然哺乳的极少(只发生于个别放牧的牛群)。一般每日哺乳 2~3 次,粗饲料自由采食,精饲料定量定时饲喂(每日 2~3 次),自由饮水。

(2)断奶犊牛的饲养管理方式　断奶犊牛一般采用小群群饲的饲养管理方式。一般采用定时饲喂、精粗分饲的饲喂方式,精料定量,粗饲料自由采食。日喂 2 次,自由饮水。

(3)育成母牛的饲养管理方式　育成母牛采用群饲的饲养管理方式。由于不同月龄的育成牛处于不同的生长发育阶段,特别是消化系统的发育差别很大,因而应将 7~12 月龄的育成母牛和 13 月龄到初配受胎的育成母牛分开饲养管理。一般采用定时饲喂、精粗分饲的饲喂方式,精料定量,粗饲料自由采食。日喂 2 次,自由饮水。

(4)青年母牛的饲养管理方式　青年母牛采用群饲的饲养管理方式。由于不同妊娠阶段的青年母牛胎儿发育的特点不同,对营养的需要也有很大的差别,加之保胎的需要,应将受胎到临产前 2 个月和临产前 2 个月到分娩的青年母牛分群饲喂与管理。一般采用定时饲喂、精粗分饲的饲喂方式,精料定量,粗饲料自由采食。日喂 2 次,自由饮水。

(5)成年母牛的饲养管理方式　成年母牛已进入正常的生产状态,周而复始地重复着配种—妊娠—产犊、产奶—干奶的生产周期。由于在正常生产周期中的不同阶段,成年母牛处于不同的生理状态,因而需要根据母牛的不同生产阶段分群饲养管理。

青年母牛或成年妊娠母牛临产前 2 周左右进入产牛舍,分娩后 2 周左右从产牛舍转出,进入泌乳母牛群。母牛产犊后的第三个发情周期(约在产后 60 天左右)开始配种,大部分母牛能够在产犊后 120 天前受胎,妊娠期 280 天。母牛产犊后开始产奶,临产前 2 个月人为停止产奶(称为干奶),产犊后又开始产奶。为了科学地进行饲养管理,成年母牛分为干奶母牛、围产期母牛和泌乳母牛

3个大的群体。泌乳母牛又可进一步分成泌乳高峰期牛群、泌乳中期牛群和泌乳后期牛群。根据不同牛群所处的生理阶段和营养需要特点分别进行有针对性的饲养与管理。

2. 拴系式饲养管理工艺与散栏式饲养管理工艺　除哺乳犊牛外,其他各类牛群均可采用两种饲养管理工艺,即拴系式饲养管理和散栏式饲养管理。

(1)拴系式饲养管理工艺　拴系饲养是比较传统的饲养管理工艺。其主要特点是给牛定时上槽饲喂,上槽时每头牛均有一个槽位,用颈枷夹住。牛吃饱后放入运动场自由活动。成年母牛一般日上槽3次,同时挤奶。其他牛日上槽2次。采用此种饲养管理方式的牛群应通过运动场中的粗饲料补饲槽实现粗饲料自由采食。

拴系式饲养管理以牛舍为中心,用颈枷(或其他方式)将奶牛限制于固定的牛床上,集饲喂、挤奶于同一牛床上进行。各奶牛舍的管理相互平行,管理承包方式实行大包干。即每人承包15~25头牛,这些奶牛的饲喂、挤奶、清粪全由一人负责。这种生产工艺用一句话来形容就是"人围牛转"。

拴系式饲养管理工艺有很多优点:由于牛被限制在一个单独的颈枷内,因此很容易对牛进行个别关照,如单独给料,个体护理等。饲养管理人员容易识别、固定牛只,对其进行人工输精、治疗、修蹄等操作或其他特殊处理。饲养员能够及时发现牛的发情和一些异常情况(如采食异常、行为异常、消化异常等),及时处理。由于每头牛都有自己单独的采食空间,避免了个体间抢食、争斗现象的发生。因此,拴系式饲养管理工艺易于对牛群的管理,饲养管理可以做到个体化和精细化。

拴系式饲养管理工艺也存在一定的缺点:由于奶牛在一天内有很长一段时间被颈枷限制其活动范围,对牛的健康会产生不良影响,奶牛的蹄及乳头易受损伤。很多操作难于实行机械化作业,劳动生产率低，工人劳动强度大，人工成本高，牛舍建造与维护成本也高。

(2)散栏式饲养管理工艺　散栏饲养是先进的现代奶牛饲养管理工艺，大有逐步取代传统拴系式饲养管理工艺之趋势。

散栏式饲养管理的主要特点是将牛的活动空间划分为采食区、运动区和休息区三个相互连接的区域。采食区主要有饲槽、采食栏位和颈枷；休息区主要有自由卧床；运动区主要有舍内的采食区与休息区之间的活动空间和舍外的运动场。以群为单位牛可在各自的三个区域内随意活动(采食、运动或休息)。

散栏式饲养管理工艺主要以人为中心，将奶牛的饲喂、休息、挤奶分设于不同的专门区域进行。奶牛的管理工序垂直或交叉，饲养工艺流程、分工专业化，管理承包方式实行工种包干。即饲喂人员专门负责奶牛的饲喂，挤奶人员专门负责奶牛的挤奶，清粪人员专门负责奶牛的清粪。这种生产工艺用一句话来形容就是“牛围人转”。

散栏式饲养管理有很多优点：由于奶牛在大部分时间可以自由活动，奶牛感觉更为舒适，有利于健康和生产性能的提高，并可减少肢蹄病和乳头受伤；饲养管理的操作可实行机械化，可提高劳动生产率，降低工人的劳动强度，降低人工成本，牛体更加干净。

散栏式饲养管理多与全混合日粮饲喂配合使用，牛只自由采食，采食时间延长，采食量提高，有利于奶牛健康和生产性能的发挥；散栏式饲养管理多用挤奶厅集中挤奶，有利于牛奶卫生质量的提高，减少了管道式机械挤奶的建设与维护费用；散栏式饲养管理可有效提高牛舍的利用面积，单位牛舍可饲养更多的母牛，降低了奶牛场的建设与维护成本。

但散栏式饲养管理也存在一定的缺点：由于牛只共用饲槽及水槽而使传染病传播的机会增大；难于识别与固定牛只个体，进而对其进行配种、治疗、修蹄等操作，管理上有一定的不便；不能对需要的牛只进行个别护理，对发情、采食和消化不正常的牛只不能及时发现、及时处理；牛只无论在任何天气均须到挤奶厅挤奶，因而增加了行走路程，对牛的健康也不利；牛只粪尿排泄地点较分散，而不是像拴系式饲养管理工艺那样大部分粪尿排在粪沟里，因而舍内的各种设施会显得不干净，清粪工作较复杂；对牛只的处理(配种、修蹄、治疗等)不能在牛舍的床位上进行，需要另辟特定地点。将需要特殊处理的牛只从牛群中分离出来也较为困难，尤其是对发情牛或对某些神经质和任性的牛更难。

(3)拴系式饲养管理与散栏式饲养管理各自的应用条件　从上面的分析可以看出，拴系式饲养和散栏式饲养均有各自不同的优点和缺点，因此不能简单地说哪一种饲养管理工艺更好，而只能说在什么条件下哪种工艺更适合。拴系式饲养管理工艺针对的是奶牛的个体，而散栏式饲养管理工艺针对的是群体。前者更适合于对牛的精细照顾，后者更适于各种操作的机械化和专业化。因此，拴系式饲养管理工艺劳动效率较低，工人劳动强度大，每人管理的牛只头数少，因而更适合小规模奶牛场采用。相反，散栏式饲养管理工艺劳动效率高，工人劳动强度低，每人管理的牛只头数多，更适合于大规模奶牛场采用；从两种饲养管理工艺的出现时间先后来看，拴系式饲养管理工艺属于古老、传统的饲养管理工艺，而散栏式饲养管理工艺是在30多年前才出现的现代饲养管理工艺，散栏式饲养管理工艺正是伴随着美国奶牛业从小规模向中大规模的转变而出现的。

因此，饲养管理工艺和奶牛场建设形式的选择应根据兴建奶牛场地点的气候环境特点、饲养规模、劳动力成本、资金条件等情况，因地制宜，综合考虑。

(四)奶牛的饲喂工艺

奶牛的饲喂有两种基本工艺，即精粗分饲工艺与全混合日粮工艺。

奶牛的日粮由精料补充料、粗饲料、青贮饲料和副料等几个部分组成。精粗分饲工艺就是将各个日粮组分分开饲喂。在传统奶牛饲养上通常采用将日粮分成几个部分分别饲喂的方式,一般分成如下几个部分,精料混合料与辅料混合在一起组成一个组分,将干草适当切短(或不切割)单独构成一个组分,青贮作为一个单独的组分,块根块茎等多汁料构成一个组分。

全混合日粮工艺是将构成日粮的全部组分均匀混合在一起进行饲喂,即 TMR 饲喂。

精粗分饲工艺与全混合日粮工艺各有其优缺点和使用条件,并与不同的饲养管理工艺相联系。

(五)挤奶工艺

奶牛的挤奶分手工挤奶和机械挤奶两大类。

手工挤奶效率低,工人劳动强度大,容易对牛奶造成污染;优点是容易发现乳房的异常情况并及时处理。机器挤奶效率高,牛奶不易受到污染,工人劳动强度低;缺点是乳房发生异常情况时不易及时发现,如机器质量差或机器发生故障时易对乳房造成损伤。

在传统奶牛生产中多采用手工挤奶,在现代奶牛生产中多采用机械挤奶。由于我国正处于由传统奶业向现代奶业过渡的进程中,手工挤奶在一些个体奶牛养殖户中仍然被采用。但随着我国奶业的发展与奶业现代化程度的提高,手工挤奶将逐渐被淘汰,取而代之的必然是机械挤奶。但当奶牛患乳房炎等乳房疾病和产犊后刚刚开始泌乳的 10~15 天内,仍需要采用手工挤奶,以保护乳房。

机械挤奶有三种主要工艺,即移动式挤奶工艺、管道式挤奶工艺和集中式挤奶工艺。

移动式挤奶工艺主要应用于小型奶牛场、奶牛养殖小区和个体奶牛养殖户,采用手推式移动挤奶机,任何场地条件均可使用,灵活方便。

管道式挤奶工艺主要应用于大中型奶牛场，采用管道式挤奶设备，适用于拴系式饲养管理工艺牛场。挤奶机真空管道和牛奶输送管道安装在牛舍内，奶牛在牛舍内接受挤奶。

集中式挤奶工艺主要应用于大中型奶牛场，采用厅式挤奶设备，适用于采用散栏式饲养管理工艺牛场。挤奶设备安装于挤奶厅中，奶牛在挤奶厅接受挤奶。

思考题

1. 奶牛场的主要设施、设备有哪些？
2. 奶牛场合理的牛群结构是怎样的？
3. 奶牛场生产工艺有哪些？

第三章 奶牛挤奶员须具备的基础知识与技能

一、奶牛的主要生物学特性

作为奶牛挤奶员，必须详细了解奶牛的生物学特性，才能做好相应的本职工作。

牛根据其经济用途可分为乳用型牛、肉用型牛和役用型牛三类。

乳用型牛就是我们通常所说的奶牛，专门用于生产牛奶，饲养奶牛的目的是获得牛奶。

比较有名的奶牛品种有荷斯坦牛，娟姗牛、更赛牛和爱尔夏牛。荷斯坦牛是全世界分布最广、饲养数量最多、生产性能最高的奶牛。从国外引进的荷斯坦牛经过长期驯化、改良后更适应我国的环境与饲养管理方式，称为中国荷斯坦牛。

荷斯坦牛的主要生物学特性如下。

(一)对冷热环境的适应性

牛的祖先为寒带动物，体积大，单位重量的体表面积小，虽有许多汗腺，但血管供应微弱，因而散热功能不发达，耐寒而不耐热，外界气温高于体温5℃时牛便不能长期生存。在高温环境下，公牛的精液品质与母牛的受胎率降低，食欲下降，反刍减少，消化功能明显降低，生产性能受到显著影响。因此，在生产实践中，防暑降温是保证热带地区及夏季奶牛高产的重要环节。

(二)繁殖特性

牛为单胎动物,虽然也有双胎现象,但比较少见。当母牛怀异性双胎时,由于在母体子宫内雄性胎儿的激素通过胎膜血管吻合支进入雌性胎儿体内,抑制了其生殖系统的发育,致使绝大部分异性双胎的母犊不育。

荷斯坦母牛的初情期为6~10月龄,性成熟期为8~12月龄,初配年龄为14~16月龄,随品种、营养、饲养管理、气候等因素而异。荷斯坦母牛全年任何季节均可发情,发情周期为18~25天,平均21天,发情持续期平均为18小时。牛的妊娠期平均为280天。荷斯坦母牛的繁殖年限约10~12年,但一般产奶牛可利用5~6胎。

(三)采食与消化特性

1. 采食特点　牛没有门齿,不能啃食过矮的草,牧草高度低于5厘米时,放牧的牛不易吃饱。牛有竞食性,在自由采食时互相抢食,可提高牛的采食量。牛的采食速度很快,在采食时不经过仔细咀嚼即将饲料咽下,很容易将混入饲料中的异物食入。由于牛胃的结构特点,如果将铁丝、钉子等尖锐异物吞咽进去,就会停留在网胃内。由于网胃与心脏接近,这些铁丝、钉子等异物很容易刺穿网胃壁和心包,引起创伤性网胃炎或心包炎。如果将尼龙绳、尼龙袋等异物吞食进去,会产生胃肠阻塞。因此,要特别注意在牛的饲草饲料中不要混有这些异物,在牛可以接触到的环境内也不要有异物。另外,在牛场内还可能出现牛将如萝卜等大的块状物吞咽而卡在食道中造成梗阻的情况。

2. 采食时间　在自由采食情况下,牛全天的采食时间为6~8小时,放牧的牛比舍饲的牛采食时间长。当气温低于20℃时,自由采食时间有68%分布在白天;当气温超过27℃时,白天采食时间相对减少;天气过冷时,采食时间延长。牛一天有4个采食高峰期,即日出前不久、上午的中段时间、下午的早期和近黄昏,且以日出前不久、上午的中段时间为主。

3. 采食量 牛的采食量与其体重密切相关,一般情况下,成年泌乳牛的干物质采食量为体重的3%~3.5%,干奶牛约为体重的2%,生长牛为体重的2.4%~2.8%。牛的采食量受许多因素的影响。饲料品质好时,采食量高;牛在生长期、妊娠初期、泌乳高峰期采食量高;环境温度较低时,牛的采食量增加;环境温度高于27℃时,采食量下降。

4. 复胃消化 牛是反刍动物,有四个胃,按前后顺序依次为瘤胃、网胃、瓣胃和皱胃。瘤胃、网胃和瓣胃统称为前胃,其黏膜没有胃腺,只有皱胃能够分泌胃液,因而称为真胃。

成年牛的瘤胃很大,占据了腹腔的大部分。全消化道中67%的内容物在瘤胃中。消化道食糜在瘤胃内停留20~48小时,相当于整个消化过程的一半时间。由于瘤胃和网胃连在一起,相互之间没有狭窄部分明显区隔,内容物可以相互交换,因此习惯上将瘤胃和网胃合起来称瘤网胃。网胃壁呈蜂巢状,对食糜具有筛分的作用,当网胃收缩时,将颗粒较大的食糜推向瘤胃,颗粒较小的食糜则通过网瓣胃口流入瓣胃。瓣胃在网胃之后,通过网瓣胃口与网胃相连。瓣胃由许多肌肉形成的叶片状结构组成,体积差不多有篮球那么大(成年奶牛),之中的内容物较少,约占全消化道食糜总量的5%左右。瓣胃的作用是吸收来自瘤网胃食糜中的水分和矿物质,以避免其进入真胃冲淡和中和胃酸。皱胃与单胃动物的胃相似,因此也称为真胃。皱胃分泌胃蛋白酶原、凝乳酶和盐酸,胃蛋白酶原在酸性条件下将胃蛋白酶原转化为胃蛋白酶,胃蛋白酶将饲料蛋白质降解为胨。凝乳酶可将液态的奶转变为固态,有利于消化。盐酸具有杀菌作用,能将食糜中的微生物杀死。

瘤胃消化在反刍动物的整个消化过程中占有特别重要的地

位。瘤胃相当于一个发酵罐,内含大量微生物,饲料在瘤胃中的消化实际上是微生物(通过所分泌的消化酶)对饲料的消化。饲料在瘤胃内的消化过程又被称为瘤胃发酵。

瘤胃微生物在瘤胃消化中起着决定性的作用。瘤胃内含有的微生物主要包括细菌、原虫和真菌三类。每毫升瘤胃液中含有160亿~400亿个细菌和20万个原虫。

瘤胃微生物能将日粮中的纤维素、半纤维素和其他一些碳水化合物降解为挥发性脂肪酸,将非蛋白氮和降解蛋白质分解为氨,并进一步合成微生物蛋白。瘤胃细菌还可合成B族维生素和维生素K,将饲料中一些有毒有害物质分解,减轻或完全消除对牛的不利影响。

瘤胃微生物消化饲料的一部分产物(如挥发性脂肪酸和氨)被瘤胃壁吸收,一部分被瘤胃微生物自身利用,作为自身生长繁殖的原料。没有被瘤胃微生物消化的饲料和部分瘤胃微生物一起从瘤胃中排出,进入后面的消化道,被牛进一步消化、吸收。

瘤胃发酵是牛的重要消化过程,日粮中有很大一部分饲料在瘤胃中被消化。因此,瘤胃消化功能的正常与否,直接影响牛的整个消化过程。瘤胃对饲料的消化是靠瘤胃微生物完成的,瘤胃微生物的正常与否直接影响瘤胃的消化过程。

瘤胃微生物的生存条件对瘤胃消化具有重要的影响。维持瘤胃内环境的稳定是保证瘤胃消化得以正常进行的基本条件。瘤胃是瘤胃微生物的生长环境,只有环境适宜,瘤胃微生物才能充分发挥其对饲料的消化作用。瘤胃内环境包括pH、温度和厌氧三个主要方面,正常范围分别为pH 5.5~7.0,温度39℃~40℃。在奶牛生产中,应注意维持瘤胃内环境的稳定,否则会影响瘤胃微生物的正常活动,进而影响瘤胃消化。如一次性饮水过多或水温过低会导致瘤胃温度的急剧下降,日粮中精饲料比例过高会使瘤胃pH降低,应避免这些情况的发生。值得特别注意的是,对于奶牛来讲,使用抗生素要非常慎重,除了抗生素很容易在牛奶中残留以外,广谱抗生素会对瘤胃微生物产生严重影响,特别是口服给药时。

5. 反刍与嗳气

反刍是瘤胃消化的重要特征。牛的采食速度很快,在采食时未经充分咀嚼就将食物匆匆咽下,在瘤胃内经浸泡、软化后,比较粗糙的饲料颗粒经逆呕重返口腔,重新咀嚼后咽下,这一过程称为反刍。反刍过程对牛的消化是非常重要的,一方面通过再咀嚼的过程可使较大的食糜颗粒变小,有利于消化。另一方面,在再咀嚼的过程中分泌唾液,提高唾液的分泌总量,增强对瘤胃产生的挥发性脂肪酸的缓冲能力,维持瘤胃的正常内环境。

健康的成年牛,一昼夜反刍 6 ~ 8 次,每次反刍持续时间 40 ~ 50 分钟。牛群在休息时有 1/3 以上的牛在反刍说明日粮的纤维含量充足。犊牛出生后 3 周开始吃草并出现反刍,反刍如停止或减弱,是患病的表现。

牛的反刍是在粗大的饲料颗粒刺激网胃壁时引发的,如果日粮中粗饲料过少,或粗饲料切得过短,都会降低反刍活动,减少反刍时间,影响瘤胃的内环境。因此在奶牛的饲养中应充分注意奶牛日粮的精粗比例和粗饲料的切割长度。

饲料在瘤胃微生物发酵过程中产生的多种气体(主要是二氧化碳、甲烷和氨等)刺激瘤胃壁的压力感受器,引起瘤胃由后向前收缩,压迫气体经食管由口腔排出,这一过程称嗳气。在嗳气过程中,部分气体会通过喉头转入肺,其中某些气体可被吸收入血,可能影响奶的气味。另外,通过嗳气排出的甲烷是饲料能量的损失。牛平均每小时嗳气 17 ~ 20 次。

6. 食管沟反射 食管沟是牛网胃壁上自贲门向下延伸到网瓣胃口的肌肉皱褶。在犊牛期,当牛受到与吃奶有关的刺激时,食管沟闭合,形成一中空闭合的管道,将奶绕过瘤胃和网胃,直接进入真胃进行消化,此过程称为食管沟反射。食管沟反射避免了奶进入瘤胃和在瘤胃中发酵产生消化障碍。在人工哺乳时应注意不要让犊牛吃奶过快而超过食管沟的容纳能力，导致奶进入瘤胃，引起不良发酵。在人工哺乳时要定时定人，以保持犊牛良好的食管沟反射。

（四）行为学特性

1. 牛的排泄特性　牛的排粪和排尿在时间上基本没有规律，但总体来看，牛由静止状态转变为运动状态时排泄的几率较大，如由躺卧站起时排泄的几率很高，从站立状态转变为运动状态时排泄的几率也很高。另外，牛的排泄似乎还有群体现象，如一头牛排泄，其身边的其他牛可能也会随之排泄。牛排粪地点是随机的，可以边行走边排粪，但总体来看，牛喜欢在比较清洁的地方排泄。

2. 好奇心强　牛的好奇心较强，而且越年幼的牛，这种表现越明显。当将牛置于一个新的环境中时，牛首先会四处观察，探究新环境中的物体。对于新的东西，如牛群中新来的牛、陌生人、新的物品，牛都会感到新奇。牛会向这个新的物体走去，看、听、闻、舔，如果新物体较小且软，牛甚至会嚼、吞。

3. 群居、仿效与争斗行为　奶牛的群居行为较弱，但喜欢三五成群，不喜欢独处，特别是群饲的牛突然单独分开后会有不安全感。牛对个体之间的距离大小不太敏感，但如果有足够的空间，牛与牛之间会保持一定的距离，不会过度接近。

奶牛有一定的模仿行为，即牛群中如有一头牛做某事，其他牛会跟随。奶牛的争斗性较小，特别是母牛。因此，很少发现奶牛间激烈的争斗现象，因个体间的争斗而造成外伤的情况也很少发生。

4. 牛群的优势序列　规模化奶牛场一般采用分群管理。同一牛群中，由于年龄、体型大小、体质强弱等因素，不同个体所处的地位不同，比较强壮的牛占据统治地位，在采食、饮水过程中有优先权，而较弱的牛则处于被欺负的地位。在牛群中，每一头牛都有自己的相应等级位置，这就是牛群的优势序列。一个牛群的优势序列是通过一段时间的相互接触和争斗形成的，一旦形成一般不会轻易改变。因此，在奶牛的饲养管理中应将年龄、体况等方面比较接近的牛放在一个群内，以免明显处于弱势的牛在采食、饮水等过程中受到“虐待”而影响其健康和生产性能。牛群不宜轻易变动，因为变动牛群意味着旧的优势序列被打破，而建立新的优势序列需要一定的时间，且在新的优势序列建立的过程中，牛群是不稳定的，往往会出现生产性能下降的现象。牛群也不宜过大，因为过大的牛群建立优势序列所需的时间长，序列复杂，也更容易发生变化。

5. 牛与牛之间的交流方式 牛的听觉比较灵敏，听觉范围比人大，可以听到人所听不到的低音和高音。因此，声音是牛与牛之间进行交流的重要方式。牛的很多信息是通过鸣叫表达。在奶牛的饲养管理中应注意牛的叫声，以获取信息。牛的嗅觉十分灵敏，可闻到10千米远的气味。牛的视野非常开阔，除了臀部后面看不到外，其他位置均可看到。牛识别不出颜色。

6. 训练 牛记忆力很好，具有一定的学习能力，可以利用牛的这些特性对牛进行训练。牛建立条件反射的能力也很强。有时奶牛良好的记忆能力也会给饲养管理带来不便。当某人因工作需要对牛施加了牛自身认为是伤害行为时(如兽医的治疗操作)，牛会记忆很长的时间，有机会甚至产生报复行为。有时某一地点或某一装置对其造成了伤害，牛会始终记住。因此，在操作中须避免粗暴行为。

二、乳房的形态与结构

(一)乳房的外部形态

奶牛发育成熟的乳房呈扁球形，靠乳房中部的一条中悬韧带和两侧的两条侧悬韧带将其悬吊于腹壁上。乳房中间的中悬韧带将乳房分为左右两半，每一半边乳房的中部又被结缔组织隔开分为前后两个乳区。这样，乳房被分为前后左右4个乳区，每个乳区都有各自独立的分泌系统，互不相通，每个乳区有1个乳头(图3-1)。

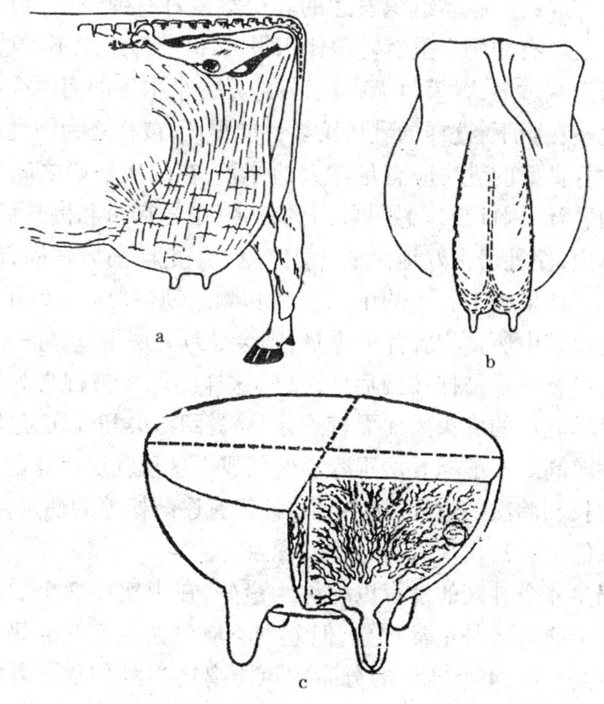

图3-1　乳房的形态结构示意

a. 侧视　b. 后视　c. 内部分区

饲养奶牛的目的是为了产奶，乳房是产奶的重要器官，因此要求奶牛必须有发育良好的乳房。乳房体积要足够大，腺体分泌组织发达，才能具有合成、分泌、贮存大量乳汁的能力。乳房内的组织分为腺体组织和结缔组织两类，腺体组织合成乳汁，结缔组织起支撑作用。在结缔组织之间分布着丰富的血管与神经，负责腺体组织的血液供应与乳汁合成、分泌及排出的调控。理想的乳房腺体组织应发达，比例应占整个乳房的75%～80%。如果乳房的腺体组织不发达，比例较低，即使乳房再大也没用，因为乳汁是由腺体组织合成的。腺体组织发达的乳房触摸时有弹性，挤奶前后体积变化大。有的奶牛虽然乳房体积很大，但腺体组织不发达，里面的结缔组织过多，触摸时无弹性，好像是一个很硬的面团或大肉蛋沉重地坠在腹下，这样的乳房泌乳性能很低，被称之为肉乳房。

发育良好的乳房应有足够大的体积，在两次挤奶之间要蓄积大量的乳汁，因此要求悬吊乳房的韧带（中悬韧带和侧悬韧带）要强劲有力，使乳房很好地附着于腹壁上，尽量向前方伸展，向后延伸高悬。如果奶牛乳房的中悬韧带和侧悬韧带松弛，负担不了乳房本身及其中所蓄积乳汁的重量，则会导致乳房下垂，像一个装满沙子的口袋一样吊挂在两后腿之间，这样的乳房被称之为悬垂乳房。悬垂乳房的乳头离地面较近，容易受到污染和外伤，患乳房炎的几率较高。一般肉乳房很容易发展成为悬垂乳房。随着奶牛年龄的增长和胎次的增加，奶牛乳房韧带有逐渐松弛的现象，因此年龄较大的牛容易出现乳房悬垂的现象。

奶牛4个乳区的发育以匀称为最好，在现实中2个后乳区稍大于2个前乳区是正常现象，但差别不应过大。良好的奶牛乳房底线应是平的，4个乳头的分布应该距离适当且匀称。乳头呈圆柱形，长短、粗细适中，且与地面垂直。4个乳头距离太小，聚集在一起，不但不易挤奶，且使乳房下部变窄，形成漏斗状乳房（也称山羊乳房），影响乳房容积。

良好乳房的皮肤薄而细致，毛稀且细，乳房静脉明显，弯曲（图3-2）。

不良乳房，乳房附着不良，略显下垂，有肉质乳房倾向，乳头分布过于集中，长度过短（图3-3）。

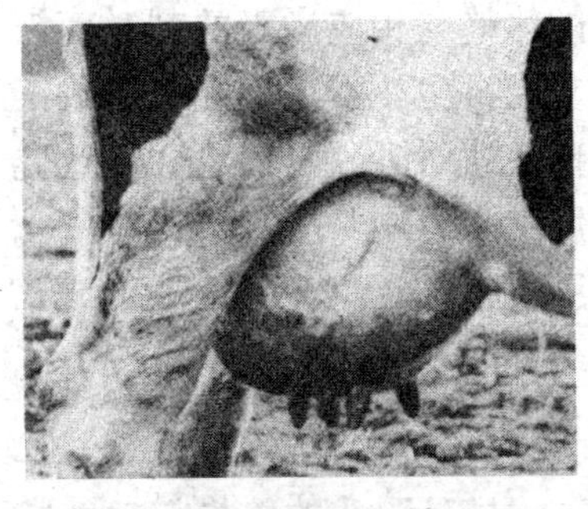

图 3-2　良好的奶牛乳房，腹下可见清晰粗大的乳静脉

图 3-3　不良乳房，前后乳区发育不匀称，乳头长短不一致

（二）乳房的内部结构

乳腺的最小单位是乳腺泡，由分泌上皮细胞构成，其中心是空的，称乳腺泡腔。众多的乳腺泡由末梢导管连接起来形成类似葡萄穗状的乳腺小叶。许多乳腺小叶由小叶导管连起来构成乳腺叶。在乳腺泡、乳腺小叶、乳腺叶之间分布着血管、神经和结缔组织。乳腺泡分泌的乳汁经末梢导管汇集到小叶导管，再经小叶导管汇集到乳导管，最后流入乳池。乳池是贮存乳汁的地方，分为乳腺乳池和乳头乳池两个部分(图 3-4，图 3-5)。

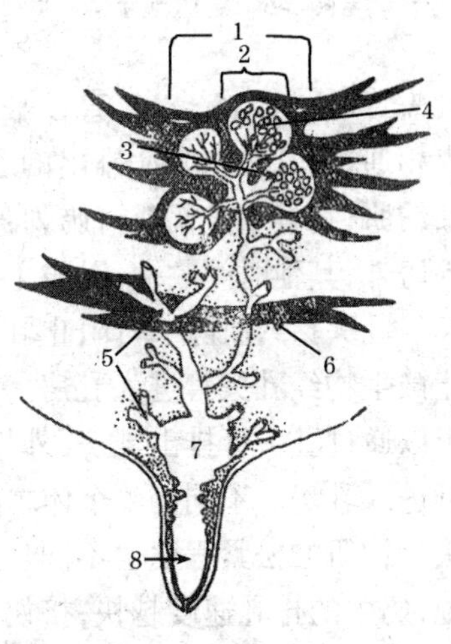

图 3-4　奶牛乳房内部结构示意

1. 乳腺叶　2. 乳腺小叶　3. 乳腺泡　4. 末梢导管　5. 乳导管　6. 结缔组织　7. 乳腺乳池　8. 乳头乳池

一个发育良好的乳房有大约 20 亿个乳腺细胞。在泌乳后期，乳腺细胞由于衰老而变少，这部分减少的乳腺细胞可以经过干奶期

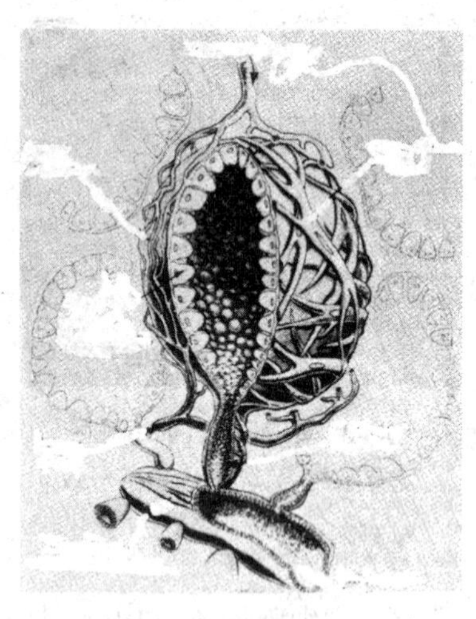

图 3-5　乳腺泡示意

的休整与相应激素的刺激而恢复或再生。不正确的挤奶或某些疾病(如乳腺炎)也会导致乳腺细胞的减少,这部分减少的乳腺细胞可能使乳房的 1 个或几个乳区萎缩、坏死而失去泌乳能力。

(三)乳头的结构与功能特点

乳头位于乳房的下部,每一个乳区有 1 个乳头。乳头的中间空腔称乳头乳池,其上部与乳腺乳池相连。乳头的最下部为乳头管,长 7～16 毫米,直径平均为 0.82 毫米。乳头管下端与外界相通,是乳房内乳汁排出的通道。在乳头管的下部周围有环形括约肌,在犊牛吮奶或挤奶刺激时乳头括约肌松弛,使奶能够排出乳房外,其他时间收缩,以防止牛奶流出乳房。

乳头括约肌除了可阻止乳的流出以外,一个重要的作用是防止微生物经乳头管进入乳房。乳头管是乳房与外界的通道,乳汁可以通过乳头管排出乳房,外界环境中的微生物也可以通过乳头管进入乳房。不同奶牛个体之间乳头的长短、粗细有很大不同,乳头括约肌的松紧程度也不同。乳头管直径越大,乳头括约肌越松弛,奶牛的排乳速度越快,挤奶越容易,可以节省挤奶时间。但乳头管直径越大,乳头括约肌越松弛,微生物也越容易进入乳房,奶牛患乳房炎的机会也就越高。随着奶牛年龄的增长和胎次的增加,乳头管逐渐变长变粗,对细菌的抵抗能力下降。

不同奶牛之间乳头末端的形状有很大差异。尖形乳头的挤奶速度最慢,但抵抗乳房炎的能力最强;圆形乳头的挤奶速度较快,对乳房炎有一定的抵抗力;扁平形乳头的挤奶速度最快,对乳房炎的抵抗力较弱。在奶牛群中,最常见的是圆形末端的乳头,其他两种形状的乳头末端则极为少见。

乳头管内壁上皮表面有一层光滑的角质蛋白,对细菌的入侵具有屏障作用。如果这层角质蛋白层出现裂缝或损伤,则保护功能下降,容易感染。不同奶牛之间,同一奶牛不同乳头之间乳头管的防御能力也是不同的。使用乳头扩张器或乳头插管很容易对这层角质蛋白造成损伤。

乳房发生问题可导致泌乳性能下降甚至完全丧失泌乳能力,使奶牛不再具有饲养价值,这是奶牛被淘汰的主要原因,也是影响奶牛场经济效益的重要因素。乳头在牛体的最下部,很容易与地面或其他物体接触,因此容易受到污染或外伤。乳头又是经常接受操作的部位,挤奶设备的乳头杯、挤奶员的手等经常接触乳头,既给乳头伤害造成机会,也给污染乳头提供了条件。保护好乳房和乳头对奶牛的产奶量与牛奶质量,以及奶牛的使用年限非常重要。

(四)乳腺的发育

1. 出生到初情期 从出生到初情期乳腺的生长率与身体其他部分的生长率基本相同。

2. 初情期 初情期母牛在雌激素的作用下,在催乳素和生长素的协同下,乳腺生长加快,主要体现为乳导管的延长与分支,最终在导管的末端形成乳腺泡。

3. 妊娠期 与初情期相比,妊娠后母牛乳腺生长加快,乳腺的生长速度在妊娠开始时较慢,以后加快,呈近似于指数生长的规律。

4. 泌乳期 泌乳早期乳腺的上皮分泌细胞继续增殖,直至泌乳高峰期。此后,乳腺上皮分泌细胞开始萎缩,在干奶期加速,下一个泌乳期到来之前重新开始增殖。

5. 年龄 奶牛的乳腺组织从第一胎到第五胎不断增加，泌乳量也不断提高。母牛的泌乳量与乳腺上皮分泌细胞的数量密切相关。第六胎后乳腺组织开始萎缩，泌乳量逐渐下降。

三、牛奶的合成与分泌

（一）牛奶的合成

牛奶在乳腺泡的上皮细胞内合成，原料来源于流经乳房的血液（图 3-6）。

1. 乳蛋白 牛奶中的蛋白质来源于 2 个部分。大部分乳蛋白由乳腺泡的上皮细胞从血液中摄取氨基酸后合成，然后将合成的乳蛋白排入乳腺泡腔内。小部分乳蛋白则是由血液中直接摄取后排入乳腺泡腔。

2. 乳糖 乳腺泡的上皮细胞从血液中摄取葡萄糖，一部分葡萄糖首先被转化为半乳糖，半乳糖再与葡萄糖合成乳糖，然后将合成的乳糖排入乳腺泡腔。

3. 乳脂肪 乳腺泡的上皮细胞从血液中摄取长链脂肪酸（14 个碳原子以上的脂肪酸，主要为 1/3 的 16 碳脂肪酸和 2/3 的 18 碳脂肪酸）和甘油合成长链脂肪；从血液中摄取乙酸和 β-羟丁酸合成短链脂肪酸，短链脂肪酸与甘油合成短链脂肪。合成的长链脂肪和短链脂肪一起排入乳腺泡腔。

4. 维生素和矿物质 乳腺泡的上皮细胞从血液中摄取矿物质和维生素直接排入乳腺泡腔。牛奶中的维生素含量与血液的维生素含量密切相关。

5. 水 牛奶中的水一部分来自于乳腺泡腔周围的细胞内液，一部分来自于血液。水进入乳腺泡腔的动力是泡腔液中的乳糖、

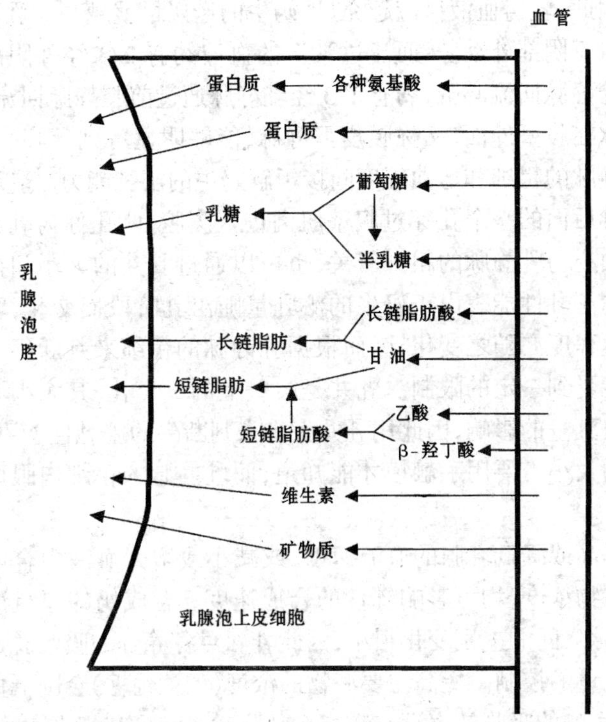

图 3-6 牛奶的合成示意

钠、钾和氯化物形成的渗透压。

(二)影响牛奶合成的因素

合成牛奶的原料均来源于血液,要使牛奶的合成正常进行,必须保证乳房具有充足的血液供应。研究表明,流经乳房的血液量平均是合成奶量的 500 倍(泌乳早期为 1 000 倍,泌乳晚期为 400 倍),即每合成 1 升牛奶需要有 500 升的血液流经乳房。一头高产奶牛在泌乳高峰期每天产奶 40 ~ 50 升,那么每日流经乳房的血液将达到 20 000 ~ 25 000 升。

因此，乳房血液供应越充足，奶牛的产奶量就越高。乳房的血液来自于阴部外动脉，而流过乳房的血液约有 2/3 经外阴静脉通过后腔静脉回流心脏，约有 1/3 经乳静脉通过前腔静脉回流心脏。乳静脉在腹壁外面，又称腹皮下静脉，能够明显看到，因此可以通过乳静脉的粗细和弯曲程度间接了解奶牛的泌乳能力。乳静脉通过肋骨后面的一个孔穿过腹壁肌肉进入腹腔，此孔称为乳井。乳井的大小与乳静脉的粗细有关，也可以通过乳井的大小间接了解奶牛的泌乳性能。由于奶牛的泌乳量随泌乳阶段而变化，乳静脉的充盈程度亦随之变化，因而根据乳静脉的粗细来判断奶牛的泌乳性能受到一定的限制。乳井是腹壁上的一个孔，其大小不会受当时泌乳量的影响，因此用乳井大小来判断牛的泌乳性能更准确。乳井的大小需要用手触摸才能知道，而乳静脉的粗细肉眼可直接看到。

提高或降低乳腺的血流速度，或减小或增大血液中合成奶成分的底物浓度，均可影响乳汁的合成速度。合成奶的原料浓度在动、静脉之间的差别变化很小，因此乳腺对各养分的吸收总量主要受血流量的控制。提高主要底物的浓度(如葡萄糖)会降低血流速度，对底物的吸收效率没有影响。乳腺对血流量有相当大的、直接的自动调节能力。

葡萄糖是合成乳糖所需的限定性养分。而乳糖又控制着奶容量。在泌乳早期，血液中的胰岛素浓度下降，使外周组织吸收葡萄糖减少。当产奶量下降时，胰岛素浓度升高。总之，在生成乳汁的泌乳期，内分泌环境降低外周组织对养分的利用，并动员外周组织的脂肪、蛋白质以及葡萄糖用于产奶。

围成乳腺泡腔的上皮分泌细胞依靠细胞间的连接复合体而紧密相连，使乳腺泡腔外的物质(主要为血液成分)不能通过，因而奶的成分与血液的成分有很大的不同。当奶牛患乳房炎时，乳腺泡上皮分泌细胞之间的连接复合体遭到破坏，一些本不该进入奶中的物质进入到奶中,如血细胞等,此时牛奶可能会呈粉红色,说明奶牛已患比较严重的乳房炎。

(三)乳汁的分泌与排出

母牛在泌乳期间乳的分泌是连续不断的,并贮存于乳腺泡腔、末梢导管、导乳管和乳池中。随着乳汁的分泌,贮存在乳房内的乳汁逐渐增多,乳房内压升高,使乳汁的分泌逐渐变慢。这时如不将乳汁排出(挤奶或犊牛吸吮),乳汁的分泌将会停止。这是由于心脏输出的血液到达乳房内毛细血管时,其压力已经降到 25 毫米汞柱,当乳房内压超过 25 毫米汞柱时,乳房毛细血管的血液供应将停止,泌乳活动也就停止了。如果排出乳房内积存的乳汁(挤奶或犊牛吸吮),使乳房内压下降,乳汁的分泌便重新加快。刚挤完奶时,乳房内压低,乳汁的分泌最快。

四、奶牛的泌乳规律

(一)奶牛的生产周期(泌乳周期)

母牛第一次产犊后便进入了成年母牛的行列,开始了正常的周而复始的生产周期。因为乳用母牛的主要生产性能是泌乳,所以它的生产周期是围绕着泌乳进行的,因而称泌乳周期。母牛的泌乳是一个繁殖性状,与配种、妊娠、产犊密切相关,并互相重叠(图 3-7)。一个完整的生产周期包括如下几个过程:

1. 泌乳—干奶—泌乳　母牛产犊后即开始泌乳,为了满足母牛在妊娠后期快速生长的胎儿的营养需要,使乳腺组织得到恢复与修整,让母牛在产犊前 2 个月停止产奶(称为干奶),产犊后重新泌乳,在一年内母牛产奶 305 天,干奶 60 天,即 1 个泌乳周期。

2. 配种—妊娠—产犊　母牛一般在产犊后 60 ~ 90 天内配种

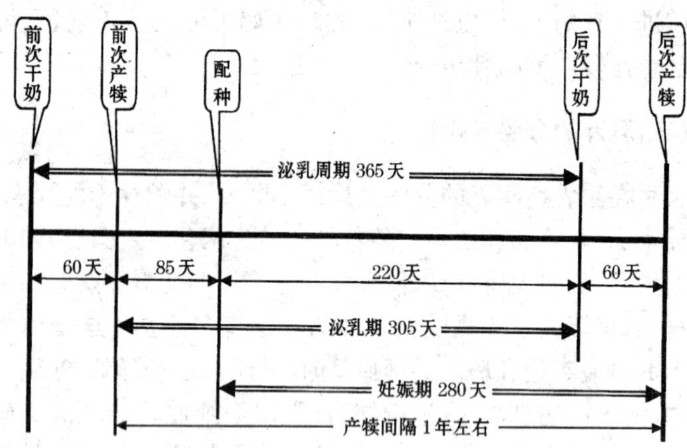

图 3-7　奶牛生产周期示意

受胎,妊娠期 280 天,从这次产犊到下次产犊(产犊间隔)相隔 1 年左右。

为了便于奶牛的饲养管理,规定母牛从这次干奶到下次干奶这段时间为 1 个泌乳周期,时间为一年左右,其间伴随着配种、妊娠和产犊。

(二)泌乳阶段的划分

奶牛的一个泌乳周期包括两个主要部分,即泌乳期(约 305 天)和干奶期(约 60 天)。在泌乳期中,奶牛的产奶量、采食量和体重呈规律性变化,为了能根据这些变化规律进行科学的饲养管理,将泌乳期划分为三个不同的阶段:

1. 泌乳早期　从产犊开始到第十周末。

2. 泌乳中期　从产后第十一周到第二十周末。

3. 泌乳后期　从产后第二十一周到干奶。

(三)泌乳曲线

奶牛从产犊到干奶的整个泌乳过程中,产奶量呈一定的规律性变化。以时间为横坐标,以产奶量为纵坐标,所得到的泌乳期奶牛产奶量随时间变化的曲线称为泌乳曲线,是反映奶牛泌乳情况既直观又方便的形式(图 3-8)。

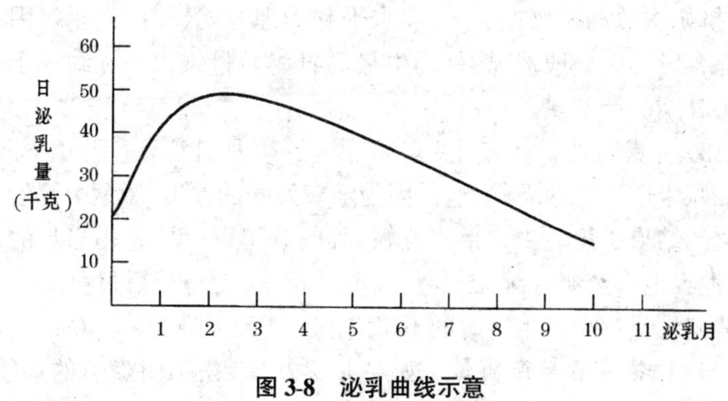

图 3-8 泌乳曲线示意

(四)奶牛产奶量的变化规律与影响因素

1. 胎次与产奶量 荷斯坦牛一般在 2~2.5 岁产头胎并开始产奶,此时其身体尚未完全发育成熟。随着胎次的增加,机体逐渐发育成熟,产奶量也随之增加而达到高峰,随后又随着机体的衰老而逐渐下降。一般而言,母牛第一胎的产奶量相当于第五胎产奶量的 70%~80%,第二胎的产奶量相当于第五胎产奶量的 80%~90%,第三胎的产奶量相当于第五胎产奶量的 90%~95%,第四胎的产奶量相当于第五胎产奶量的 95%~100%,第五胎产奶量最高,以后有逐渐下降的趋势。上述规律也会受到一些因素的影响,其中最主要的是后备牛培育的情况。如果母牛从出生到头胎泌乳阶段受到良好的培育,体型、消化系统和泌乳系统均会得到良好的发育,则第五胎之前各胎次的产奶量与第五胎产奶量之间的差距就会缩小,达到最高产奶量的胎次会提前。

2. 泌乳阶段与产奶量 奶牛产犊以后即开始产奶。在产奶的最初阶段,随着泌乳天数的增加日产奶量迅速上升,在 40～70 天达到高峰,维持一段时间后缓慢下降。不同奶牛个体产后达到泌乳高峰的时间(产后天数)、高峰持续的时间(天数)、高峰后下降的速度等情况受奶牛的泌乳遗传潜力、体况、胎次、发情、妊娠与否、挤奶次数和挤奶方法、饲养水平和管理方式、环境变化等因素的综合影响。一般情况下,奶牛最高日泌乳量乘以 200 约等于整个泌乳期的产奶量。

3. 妊娠与产奶量 母牛妊娠超过 5 个月时泌乳量开始下降,到妊娠末期则急速下降,这是因为随着妊娠的发展,激素分泌发生变化的结果。泌乳牛如果不妊娠,乳的分泌可以持续相当长的时间,世界上有产奶持续 45 个月以上的记录。在泌乳过程中,每次发情泌乳量都会产生暂时的下降,在 1～2 天下降 5%～10%。

4. 产犊季节与产奶量 奶牛是喜欢凉爽、不耐炎热的动物,如果夏季 7～8 月份产犊,在升乳期内不但高温酷暑对其产奶不利,蚊蝇的叮咬也会干扰产奶。在高温季节产犊的奶牛,产犊后泌乳量上升的速度、泌乳高峰的峰值和维持的时间均将受到不利影响,从而使整个泌乳期的产奶量大大降低。另外,不同季节奶牛饲料供应的情况也不同,同样可影响牛的产奶量。一般来讲,以冬季和早春产犊的母牛全泌乳期的产奶量最高,春、秋季次之,夏季(7～8 月份)最低。

5. 产犊间隔与产奶量 奶牛最理想的情况是年产 1 胎,泌乳 10 个月,干奶 2 个月。如果母牛产后不能及时配种受胎,则会延长泌乳期和产犊间隔。泌乳期的延长使下一个泌乳期产奶量下降,同时减少有限利用年限内的产犊数和泌乳高峰次数。

6. 干奶期长度与产奶量 母牛在妊娠的最后 2 个月前后,为了保证胎儿的正常发育和使其在 10 个月的泌乳后得到休息,更新乳腺泡,要进行干奶。合适的干奶期为60天(45~75天)。如果不干奶或干奶期过短,牛的体况得不到很好的恢复,乳腺泡得不到很好的更新,会使下一个泌乳期的产奶量降低;如果干奶期过长,乳腺泡会发生萎缩,同样会影响下一个泌乳期的产奶量。

7. 遗传因素与产奶量　乳用型牛有许多不同的品种,不同品种之间产奶量和乳脂率有很大差异。例如,娟姗牛产奶量低、乳脂率高,而荷斯坦牛产奶量高、乳脂率低。

荷斯坦牛有很多不同的品系,如美国荷斯坦牛、日本荷斯坦牛、德国荷斯坦牛、中国荷斯坦牛等。不同品系荷斯坦牛的产奶量也有一定的差别。

同品种的不同个体之间由于其遗传素质的不同,产奶量也有很大差别。同为中国荷斯坦牛,高产个体胎次产奶量可达10 000千克以上,低产个体仅有3 000千克左右。

8. 饲养管理条件与产奶量　遗传因素对奶牛的产奶性能起决定性作用,黄牛的饲养管理条件再好,一年也产不出5 000千克牛奶来。但另一方面,饲养管理条件也是影响奶牛产奶量的重要因素,再好的奶牛,没有好的饲养管理条件,高的产奶潜力也无法发挥出来。因此,在奶牛生产中要尽量创造有利于发挥奶牛产奶潜力的饲养管理条件,提高产奶性能。

9. 挤奶与产奶量　乳腺中奶的合成和分泌速度与乳房内压成反比。奶在乳腺中积存得越多,造成的乳房内压越高,乳汁的分泌速度就越慢。及时将乳房内的奶挤出来,减低乳房内压,可促进乳汁的合成与分泌,提高产奶量。因而,每天挤3次奶要比挤2次奶产奶量高10%~20%。但增加挤奶次数增加了工人的劳动强度和挤奶成本,因而挤奶次数不可能无限制地提高。一般情况下,当劳动力价格较低、奶牛产奶量较高时,采用每日3次的挤奶制度在经济上比较划算;当劳动力价格较高、奶牛产奶量较低时,采用每日2次的挤奶制度在经济上比较划算。由于我国目前劳动力价格较低,因此采取每日3次挤奶制度的奶牛场较多。但是,机械挤奶除了人工成本以外,还有动力和原材料等其他方面的消耗,加之我国大多数奶牛的产奶量不高,因此每日的挤奶次数应根据实际情况综合各方面因素灵活确定。

无论每天挤奶3次还是挤奶2次,都应尽量使每2次(或3次)挤奶之间间隔的时间均等,这样有利于产奶量的提高。每次挤奶都将乳房内的奶完全挤净,最大限度地降低乳房内压,有利于促进奶的合成与分泌,提高产奶量。而将乳房内的奶全部挤净需要先进的设备和熟练的挤奶技术,因为奶的分泌与排出受神经体液的调节,科学熟练的挤奶技术,可刺激乳汁的分泌与排出。

五、牛奶的成分与变化规律

(一)牛奶的营养成分

牛奶主要由水分、蛋白质、脂肪、乳糖、矿物质等组成,此外还含有维生素、磷脂类、酶、色素、气体等成分(表3-1)。

表3-1　牛奶的主要营养组成　(%)

营养成分	变化范围	平均值
水　分	85.5~89.5	87.0
脂　肪	2.5~6.0	4.0
蛋白质	2.9~5.0	3.4
乳　糖	3.6~5.5	4.8
矿物质	0.6~0.9	0.8

1. 乳脂　牛奶中的脂类是已知生物界最为复杂的脂类体系,从牛奶脂类中已鉴定出400多种不同的脂肪酸,其主要原因在于牛瘤胃中的微生物区系对饲料中的脂类物质进行了复杂的生物转

化。在牛奶脂类组成中占最大比例的是三酰甘油，占脂类总量的97%～98%。由于牛奶脂肪中含低级脂肪酸多，这些脂肪酸熔点低，易挥发，赋予牛奶脂肪特有的香味。牛奶中的磷脂含量占牛奶总脂类的1%左右，主要包括卵磷脂、脑磷脂和鞘磷脂。牛奶中胆固醇含量约占牛奶总脂类的0.4%，与其他食物相比其含量并不高。

2. 乳蛋白　牛奶中的蛋白质含量为3%～3.5%。通常按20℃、pH 4.6时是否发生等电沉淀将蛋白质分成两大类，发生沉淀的叫酪蛋白，不发生沉淀仍存在于乳清中的叫乳清蛋白。牛奶中的含氮物除了酪蛋白和乳清蛋白外，还有非蛋白氮，其含量约占牛奶中总氮的6%。酪蛋白占乳蛋白质总量的80%左右。乳清蛋白主要包括α-乳白蛋白、β-乳球蛋白、乳铁蛋白、牛血清白蛋白、免疫球蛋白等。

3. 乳糖　乳糖是哺乳动物乳汁中特有的成分，占乳固体物的38%～40%。乳糖的甜度较蔗糖低，仅相当于蔗糖的16%，因此尽管牛奶中乳糖含量很高，但甜味并不明显。乳糖可以为牛奶食用者提供能量，还可以促进食物中钙的吸收。但研究发现，除了北欧居民外，世界上其他民族的成年人中普遍存在不同程度的β-半乳糖苷酶缺乏的现象，不能很好地水解、吸收和利用乳糖，因此一次性摄入较多的含乳糖的乳制品后，会发生一系列不适症状，如腹痛、气胀、腹泻等，称乳糖不耐症，其主要原因是小肠刷状缘β-半乳糖苷酶活力不足，不能有效地将乳糖水解成单糖而被吸收。未被吸收的乳糖造成等渗导致水潴留，结肠细菌酵解乳糖产酸和产气。防止乳制品引起乳糖不耐症的可行方法是生产发酵乳制品。在酸奶发酵过程中有近1/3的乳糖被转化为乳酸，其余的乳糖在进入人体消化道后，可继续被乳酸菌产生的β-半乳糖苷酶所降解，不致发生乳糖不耐症状。

4. 维生素　牛奶中各种维生素(除维生素C外)含量均很丰

富,但除维生素A,维生素D,维生素B_2等一些热稳定性较好的维生素外,其他维生素在牛奶加工过程中会遭到破坏,无实际营养学意义。牛奶中的维生素含量受泌乳期中饲料种类和饲养管理方式的影响。

5. 矿物质 牛奶中矿物质的种类与含量对犊牛的生长是很适合的。牛奶中的矿物质以离子、胶体及与蛋白质等乳成分络合等不同的形式存在,奶的温度、pH稀释度等均会影响奶中矿物质的存在状态,进而影响奶的理化性质和消化吸收情况。

(二)牛奶成分的变化规律

正常牛奶中各种成分的组成大体上是稳定的,但因品种、个体、胎次、泌乳阶段、挤奶方法、饲料、季节、环境、温度及健康状况等情况的不同而有差异,其中变化最大的是脂肪,其次是蛋白质、乳糖及灰分则比较稳定。

1. 遗传因素与牛奶成分 影响牛奶成分的最主要因素是遗传因素,主要表现在品种、品系和个体之间乳成分的差别,其中最大的影响因素是品种。世界上最主要的四个奶牛品种牛奶中的干物质、脂肪、蛋白质等成分含量见表3-2。

表3-2 世界主要奶牛品种的奶成分 (%)

奶牛品种	干物质	脂 肪	蛋白质	乳 糖	灰 分
荷斯坦牛	12.50	3.55	3.43	4.86	0.68
娟姗牛	14.69	5.18	3.86	4.94	0.70
更赛牛	14.87	5.19	4.02	4.91	0.73
爱尔夏牛	13.17	4.14	3.58	4.69	0.68

同一品种的不同品系奶牛之间奶成分也存在一定的差别。如饲养在世界不同国家和地区的荷斯坦奶牛,其奶成分差别很大,一般欧洲国家的荷斯坦奶牛,如荷兰荷斯坦牛、英国荷斯坦牛等,牛

奶中干物质和脂肪含量一般较高；而饲养于北美国家的荷斯坦牛，如美国荷斯坦牛和加拿大荷斯坦牛等，奶中干物质和脂肪含量较低；中国荷斯坦牛则更低。这种差别是由于不同国家和地区的饮食习惯等因素导致其奶牛的育种目标不同所造成的。

同一品种、同一品系、不同个体奶牛之间的奶成分也有一定的差别，就像同一人群中不同个体之间高矮、胖瘦也存在差异一样。

2. 泌乳阶段与奶成分 奶牛在一个泌乳期中，随着泌乳的进程、奶的成分及性质发生明显的变化，根据这种变化将整个泌乳期分为初乳期、常乳期和末乳期三个阶段。初乳、常乳和末乳之间的差别将在后面的有关章节详细介绍。但就常乳的成分而言，也随着泌乳阶段的进程发生规律性的变化。

产犊 1 周以后到干奶前分泌的乳为常乳。常乳的成分及性质基本稳定，但因泌乳月的不同，其成分及性质也有差异。在泌乳期的最初 3～4 个月中，各种成分逐渐减低，之后又逐渐增加，而以干奶前最为显著。

实际上，奶成分随泌乳阶段的变化是与泌乳量密切相关的。在一般情况下，奶成分含量与泌乳量成反比，泌乳量越高，奶成分含量越低。在泌乳期的最初几个月，奶牛的泌乳量呈不断上升的趋势，而奶成分呈不断下降的趋势。在泌乳期的后几个月，奶牛的泌乳量呈不断下降的趋势，奶成分则呈现不断上升的趋势（表 3-3）。

表 3-3 泌乳期中奶成分的变化

泌乳月	酸 度 (°T)	总乳固体 (%)	脂肪 (%)	酪蛋白 (%)	白蛋白＋球蛋白 (%)	乳糖 (%)	矿物质 (%)
1	20.5	13.60	3.87	2.87	1.07	4.74	0.77
2	16.9	12.74	3.78	2.43	0.90	4.74	0.70
3	16.8	12.54	3.74	2.40	0.84	4.67	0.69

续表 3-3

泌乳月	酸　度（°T）	总乳固体（%）	脂肪（%）	酪蛋白（%）	白蛋白＋球蛋白（%）	乳糖（%）	矿物质（%）
4	16.8	12.41	3.72	2.35	0.78	4.61	0.69
5	16.5	12.65	3.88	2.8	0.82	4.60	0.69
6	16.5	12.66	3.92	2.44	0.82	4.57	0.69
7	16.3	13.04	4.15	2.60	0.79	4.62	0.71
8	16.4	13.30	4.32	2.68	0.78	4.66	0.72
9	15.1	12.85	4.80	2.72	0.84	4.59	0.72
10	15.0	14.66	5.39	2.93	0.96	4.56	0.74
11	14.8	15.07	5.59	3.01	0.91	4.63	0.76

3. 胎次与奶成分　奶成分含量随泌乳量的升高而下降的规律也同样表现在奶成分含量随奶牛的泌乳胎次的变化规律上。奶牛的泌乳量从第一胎至第五胎逐渐增加，而奶成分含量则表现出逐渐下降的趋势（表 3-4）。

表 3-4　不同胎次产奶量及奶成分的变化

胎 次	试验牛头数	相对奶量（%）	脂肪含量（%）	非脂固体（%）
1	67	100	3.95	9.40
2	67	116.6	3.90	9.32
3	49	133.4	3.90	9.26
4	34	143.7	3.84	9.21
5	21	151.8	3.79	9.10
6	12	151.9	3.70	8.98
7	9	156.3	3.74	9.03

4. 挤奶与奶成分　刚刚挤完奶的乳房内基本没有牛奶，内压较低，分泌的乳汁中干物质和脂肪的含量较高。当乳房处于充满状态时内压较高，分泌的乳汁中干物质和脂肪含量较低。因为牛

奶中的水分来自于以乳糖为主形成的渗透压，也就是说，先有奶的干物质成分，后有水。正是由于上述原因，两次挤奶之间间隔的时间不同，挤出的牛奶的干物质和脂肪含量也不同，挤奶间隔时间较短，挤出的牛奶中的干物质和脂肪含量较高。因此，适当增加挤奶次数，也就缩短了挤奶的时间间隔，不但可以提高产奶量，还可提高乳脂率和干物质含量。

由于两次挤奶之间分泌的乳汁贮存于乳房内(乳池和乳导管系统)，乳中的脂肪相对于其他成分比重较小，因而很容易浮在上层。当挤奶时，在乳池下部的奶先行排出，而上部的奶后排出。由于上部的奶中所含的脂肪较下部高，因而在一次挤奶中，先挤出的奶脂肪的含量较低，后挤出的奶脂肪含量较高。

每天各次挤奶的间隔时间相同有利于促进产奶量和乳脂率的提高，但在奶牛生产中，每天 3 次挤奶的间隔时间实际上是不均衡的。这样就会导致每日 3 次不同时间挤出的牛奶在奶成分的含量上存在一定差异(表 3-5)。因此，在取样测定牛奶成分含量时应根据每次挤奶的产奶量按比例 3 次采样，并均匀混合后再测定。在出售牛奶时，也应将每日 3 次挤出的奶全部均匀混合后出售，有利于乳品厂计价，并保持乳产品成分含量的均衡稳定。

表 3-5　最先与最后挤出的奶的营养成分　(%)

	蛋白质	乳　糖	脂　肪	灰　分	干物质
最先挤出的奶	3.58	5.30	1.87	0.75	1.067
最后挤出的奶	3.38	5.33	6.28	0.70	1.486

5. 饲养管理条件与奶成分　日粮营养成分含量对奶成分有一定程度的影响。当日粮中粗饲料比例较低时，奶中脂肪含量降低。这是因为粗饲料在奶牛瘤胃中发酵产生的乙酸比例较高，而乙酸是乳腺合成短链脂肪酸的原料。日粮粗饲料不足所引起的牛奶脂肪含量下降的幅度比较大，因此在奶牛饲养中应充分注意合

理的日粮精、粗比例。

日粮中能量含量较低时，奶中非脂固体物含量会下降。日粮中粗蛋白质含量不足时，在引起产奶量下降的同时，乳蛋白含量也会降低。但需要特别指出的是，日粮能量和蛋白质含量对牛奶非脂固体物和蛋白质含量的影响程度有限，远不及二者对产奶量的影响和粗饲料对乳脂的影响程度大。因此，采用提高日粮粗饲料比例的方法来提高乳脂率可以获得比较明显的效果，而采用提高日粮能量和蛋白质含量来提高牛奶的非脂固体物和乳蛋白的效果有限，有时甚至会出现相反的结果，因为日粮能量和蛋白质含量的提高往往使产奶量上升，而产奶量的增加有时会降低奶成分的含量。

日粮中矿物质和维生素 A 含量不足时，奶中相应物质含量也会降低。因为牛奶中的矿物质和维生素是由乳腺直接从血液中摄取并分泌到乳汁当中的，奶牛不能制造矿物质，也不能合成维生素A。日粮中这些成分的缺乏，必然引起血液中的含量不足，最终导致奶中含量的下降。

日粮中脂肪的性质对乳脂的性质有显著的影响，如日粮中不饱和脂肪酸含量高时，乳脂中的不饱和脂肪酸含量也高。不饱和脂肪酸含量高的牛奶对人的健康有利，但会降低牛奶及其乳制品的保存特性。有人用共轭亚油酸前体物含量高的饲料饲喂奶牛，使其在瘤胃微生物的作用下合成或转化成更多的共轭亚油酸，从而生产富含共轭亚油酸的牛奶。

有些具有特殊气味的植物被奶牛采食后可使牛奶也带有这些特殊的气味，如葱、蒜、艾属植物等。因此，在奶牛的饲养中应特别注意防止日粮中含有这些可导致牛奶产生特殊气味的饲料。

6. 季节和气候与牛奶成分 季节和气候对牛奶的组成产生一定的影响。一般情况下，夏季牛奶的干物质、脂肪、乳糖和蛋白质含量均有下降的趋势，这一方面与奶牛的热应激有关，也与夏季的饲料供应特点(如多汁饲料多、饮水多)有关。

(三)牛奶的主要物理特性

牛奶的物理特性包括色泽、气味、比重、黏度、冰点、沸点、比热、表面张力、折射率和导电率等。了解这些性质有助于辨别牛奶的质量和掺杂情况。

1. 色泽 新鲜的牛奶是一种青白色、白色或稍带黄色的不透明液体。牛奶的颜色来源于其中含有的成分,白色来源于脂肪球、酪蛋白酸钙、磷酸钙等,白色以外的颜色来源于核黄素、叶黄素和胡萝卜素等。叶黄素和胡萝卜素主要来源于青绿饲料,因此牛奶的黄色与采食饲料中叶黄素和胡萝卜素的含量有一定的关系。

2. 滋味与气味 牛奶中含有挥发性脂肪酸及其他挥发性物质,所以牛奶带有特殊的香味。由于挥发性物质在温度升高时更易挥发,因此牛奶的香味在加热时表现得更为明显。牛奶的气味很容易受其他因素的影响。当奶牛的日粮中含有某些特殊气味饲料时,牛奶就会含有特殊的气味。牛奶也很容易吸收外界环境中的气味,如牛奶暴露在特殊气味的环境中,就很容易带有这些气味,如牛粪味或饲料味。因此,挤奶的环境应该特别清洁,没有不良气味,最好是避免牛奶直接暴露于外界空气环境之下。贮存容器也会影响牛奶的气味,因此贮存牛奶的容器最好用无毒无臭的材料制成(理想的材料是不锈钢),并保持清洁。牛奶在日光下暴晒时会产生油酸味,因此牛奶在贮存和运输过程中应避免阳光暴晒。注射抗生素的奶牛所产的奶常带有明显的抗生素味。新鲜纯净的牛奶稍带甜味,这是由于奶中含有乳糖的缘故。患乳房炎的奶牛所产的奶因氯的含量较高,故有浓厚的咸味。

3. 酸度 正常牛奶的酸度为 16°T ~ 18°T,乳酸度为 0.15% ~ 0.17%,pH 为 6.5 ~ 6.7。酸败奶和初乳的 pH 在 6.5 以下,乳房炎奶和低酸度奶的 pH 为 6.7 以上。牛奶的正常酸度主要来自于其中的蛋白质、柠檬酸盐、磷酸盐及二氧化碳等酸性物质。

牛奶挤出后在存放过程中由于微生物的活动，分解乳糖产生乳酸而使酸度升高。奶的酸度越高，对热的稳定性越低。牛奶的酸度超过28°T，煮沸时凝固，超过65°T 16℃时自行凝固。因此，酸度过高的牛奶不能进行高温灭菌，也就不能作为液态奶饮用，用其加工成的奶粉不容易溶解，保质期缩短。所以，牛奶挤出后应妥善保存，避免其酸度升高。

4. 密度和比重 牛奶的密度指其在20℃ 时的质量与同容积水在4℃时的质量比。正常牛奶的密度平均为1.030。

牛奶的比重指其在15℃时一定体积的重量与同体积同温度的水的重量之比。正常牛奶的比重平均为1.032。

牛奶中加水时密度和比重降低，每加10%的水，密度和比重约降低0.003。因此，可以通过测定牛奶的比重判断牛奶是否加了水。测定牛奶比重的方法很简单，直接用牛奶比重计即可测量。

5. 冰点 冰点即结冰时的温度。水的冰点为0℃。溶质存在于溶液中时能使冰点下降，因此正常牛奶的冰点为－0.525℃～－0.565℃，平均为－0.54℃。使牛奶冰点下降的因素主要是奶中的乳糖和可溶性盐类。由于正常牛奶中乳糖和盐类含量的变化较小，因此牛奶的冰点也很稳定。牛奶中加入水后，冰点上升。因此，可以根据牛奶冰点的上升幅度大致估计加水量。当向牛奶中加入1%的水时，冰点约上升0.0054℃。测定牛奶冰点的仪器为冰点仪。

六、奶牛生产性能的表示与测定方法

(一)个体产奶量的表示方法

奶牛产犊后即开始产奶(泌乳)，直到下一次产犊前2个月才停止产奶。在产奶期间,会因某种原因停止产奶。因此,为了评定一头牛的产奶性能,必须采用一些规范的表示方法,以便不同个体间进行比较。另外,在生产中不可能每天对每头牛的产奶量进行实际测量,因此对个体产奶量数据的获得必须遵从一定的规定,结果才准确可靠。

奶牛个体产奶量是以个体奶牛为单位进行测定和统计的,它表明某一头奶牛的产奶性能,其数据在奶牛育种上有重要意义。它不以日历年作为统计的基础,而以牛本身的生理周期作为统计基础。

1. 个体305天产奶总量 指母牛自产犊第一天开始到305天为止的产奶总量。生产中母牛在一个泌乳期中的产奶时间不可能刚好是305天,如果不足305天,按实际产奶量计算,但应注明产奶天数,如超过305天,超过的部分不计在内。

2. 个体校正305天产奶量 将泌乳不足305天的奶牛的产奶量乘以相应的校正系数,将其换算成305天的产奶量,即为校正305天产奶量。校正305天产奶量可以解决奶牛因疾病或人为因素导致的泌乳期非正常缩短所产生的对奶牛产奶性能低估的问题。

一般所说的305天产奶量均指校正305天产奶量。

3. 个体终生产奶量 个体终生产奶量指母牛在其一生中的全部产奶量。计算方法为将该头牛的各胎次整个泌乳期实际产奶量累计求和。终生产奶量是奶牛生产性能的综合指标,终生产奶量高的牛,不但各胎次产奶量高,而且利用年限长,寿命长。

(二)群体产奶量的表示方法

群体产奶量是指某一奶牛群体(如某牛场的全部成年母牛)的平均产奶量,它不但反映该牛群整体产奶遗传性能的高低,也反映牛场的饲养管理水平。群体产奶量的统计与计算是以日历年为基础的。

1. 全群实产牛全年平均产奶量

$$\text{全群实产牛全年平均产奶量}=\frac{\text{全群牛全年总产奶量}}{\text{全年平均每天饲养实产母牛头数}}$$

式中　全群牛全年总产奶量是指从1月1日到12月31日全群牛产奶总量。

全年平均每天饲养实产母牛头数计算公式为：$\frac{\text{全年每天饲养泌乳母牛头数总和}}{365}$

2. 全群应产牛全年平均产奶量

$$\text{全群应产牛全年平均产奶量}=\frac{\text{全群牛全年总产奶量}}{\text{全年平均每天饲养应产母牛头数}}$$

式中　全年平均每天饲养应产母牛头数计算公式为：$\frac{\text{全年每天饲养应产母牛头数总和}}{365}$

所谓应产母牛是指具有泌乳能力的母牛。

全群应产牛全年平均产奶量与全群实产牛全年平均产奶量之间的差别在于计算全群全年每天饲养母牛头数总和时，前者只计算实际产奶的母牛，后者是把全部具备产奶能力的母牛都计算在内，而不管它实际产奶与否。应产母牛的产奶与否不但受其自身生理规律的影响，也受饲养管理条件等人为因素的影响。因而，全群实产母牛全年平均产奶量更能反映牛群的产奶性能，而全群应产母牛全年平均产奶量除反映牛群的产奶性能外，还在很大程度上反映牛群饲养管理水平的高低。

3. 全群日产奶总量　指奶牛场每天所有奶牛产奶的总和。

4. 全群泌乳牛平均日单产　指奶牛场每天泌乳牛平均产奶量，即全场所有奶牛产奶的总和除以全场泌乳牛的总头数。

5. 全群应产牛平均日单产　指奶牛场每天应产牛平均产奶量，即全场所有奶牛产奶的总和除以全场应产牛的总头数。

(三)个体产奶量的测定方法

测定个体产奶量的最准确的方法就是每次挤奶都对个体产奶量进行计量,并做记录,然后累加。目前有些挤奶设备上装有奶量自动或半自动计量装置,在挤奶的同时对奶量进行计量。采用手工挤奶或提桶式机械挤奶设备的小型奶牛场或个体养殖户,在每次挤奶后可对每头奶牛的产奶量进行称量记录,这种方法在操作上有可行性,但工作量太大,浪费人力,增加成本,实行起来有一定困难。采用传统管道式机械挤奶的牛场,挤奶时不同奶牛挤出的奶经同一管道送至乳品间,测定个体奶牛的产奶量则十分困难,不可能每天进行测定。

在不可能对个体奶量每日计量的情况下,采用每隔数日计量一次奶量,用以代表相邻几天产奶量的方法,可以解决个体奶量的测定问题,既可以达到一定的准确性,也能降低人工成本,减小劳动强度。每次测定的间隔时间依具体情况而定,少则 1 天,多则 10 天。但间隔时间一经确定,全部奶牛就应按此间隔天数严格统一执行,不能轻易改动。测定间隔时间越短,推算结果与实际产量越接近。

七、奶牛体表部位的名称与识别

奶牛是由各个不同器官系统构成的有机整体,为了实践上的需要,人们将牛体表划分为不同的部位来加以描述和相互区别,掌握这些部位的位置、名称及特点,对于学习和工作是必不可少的。牛体表的各个部位都是由骨骼、肌肉及内部器官等为基础的,各自都有一定的外形特征,并反映一定的内部器官定位与机能特点。了解和掌握它们是描述牛的体质外貌、测量体尺及一些其他工作的基础。

由于对不同类型牛的体型外貌有不同的要求,在理论与实践的基础上,形成了各不同类型牛体型与外貌上的理想型与失格的概念。理想型指的是体型与外貌的最理想状态,失格与理想型相对,指的是与理想型的背离。理想型与失格均可分为整体和部位两个层次,前者主要注重整体结构,也就是体型;后者主要注重局部,也就是各个部位。无论整体与局部,对于理想型与失格,目前大体上仍停留于抽象描述阶段,而没有具体的数量化,因而在长期的生产实践中形成了许多描述性的术语,理解和掌握这些术语的含义具有非常重要的意义。

牛体大致可分为 4 个部分,即头颈部、前躯,中躯和后躯(图 3-9)。

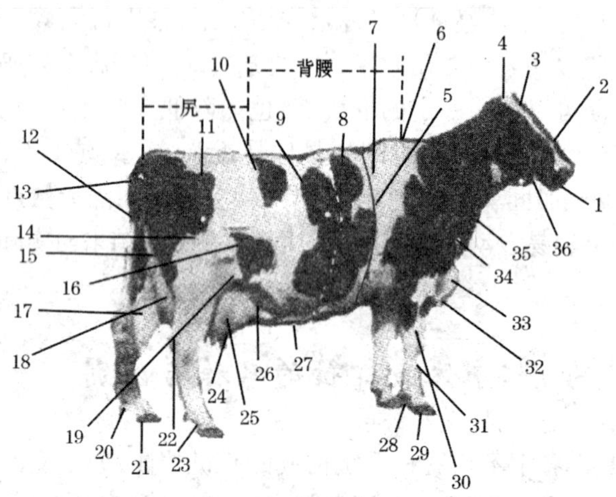

图 3-9 牛体表部位名称 (摘自梁学武.《现代奶牛生产》. 北京:中国农业出版社,2002)

1. 口 2. 鼻梁 3. 额 4. 头顶 5. 胸围 6. 鬐甲 7. 肩胛骨后缘 8. 腹围 9. 肋 10. 腰角 11. 髋关节 12. 尾 13. 尻角 14. 大腿 15. 后乳房附盖 16. 膝关节 17. 尾帚 18. 后乳房 19. 胁 20. 悬蹄 21. 蹄 22. 飞节 23. 系 24. 乳头 25. 前乳房 26. 前乳房附盖 27. 乳静脉 28. 蹄踵 29. 蹄底 30. 前臂 31. 前管 32. 前胸 33. 胸垂 34. 肩端 35. 颈垂 36. 颌

头颈部指鬐甲与肩端连线之前的部分,包括头部和颈部。从角及角根后缘沿下腭后缘做一切线,此线之前为头部。头部之后,鬐甲与肩端连线之前的部分为颈部。头颈部又可分为额、头顶、脸与鼻梁、鼻镜、颊、下腭、喉、垂皮。

前驱指颈部之后,肩胛骨和臂的后缘之前的部分。前躯又可分为鬐甲、肩、前胸、肩端、臂、肘、前臂、前膝、前管、球节、系、蹄、距等。

中躯指肩胛骨与臂的后缘至腰角与大腿前缘之间的部分。中躯又可分为背、胸与肋、腰、腹、肷、胁。

后躯指中躯后面的部分。后躯又可分为腰角、尻、臀角、后膝、飞节、尾根、尾、尾帚。

八、奶牛的繁殖技术

饲养奶牛的目的是为了产奶。产奶是繁殖性状,奶牛只有产犊才能产奶。因此,奶牛场牛群繁殖状况的好坏直接关系到奶牛场的经营与生产效果。保持奶牛场牛群的正常繁殖水平是奶牛场获得较高的生产水平和经济收入的必要前提。

奶牛挤奶员需要了解奶牛繁殖的相关知识。

(一)繁殖基础知识

1. 初情期、性成熟和初配适龄　奶牛初情期是指生殖系统发育到某个阶段,公牛第一次排出成熟精子、母牛第一次排出成熟卵子的年龄。发育良好的荷斯坦后备母牛应在 8 月龄达到初情期。

性成熟是指生殖系统已发育成熟,开始出现正常性周期时的年龄。发育良好的荷斯坦后备母牛在 10 月龄达到性成熟。

奶牛在达到性成熟时其身体其他器官并未完全达到成熟(体成熟),如果此时配种,奶牛的生长发育将受到影响,使其成年体型偏小，产奶量低。初配适龄是指奶牛发育到适合配种时的年龄。荷斯坦母牛的初次配种年龄应在14~16月龄，体重应达到350~380千克。

2. 发情周期 发情周期是指母牛2次发情之间的间隔时间，包括发情前期、发情持续期、发情后期和间情期4个阶段。荷斯坦奶牛平均的发情周期为21天，范围为18~24天。也就是说，如果此次发情没有配种或配种后没有受胎，母牛会在21天以后再次发情。

3. 发情持续期 发情持续期是指母牛有发情表现的时期。荷斯坦母牛的平均发情持续期为18小时，范围为10~24小时。

4. 妊娠与妊娠期 母牛配种后1个情期后不再发情则有可能妊娠。妊娠期也就是母牛受胎到产犊之间的时间间隔。荷斯坦母牛的妊娠期为280天。奶牛妊娠期也是产奶期，因此应额外添加蛋白质饲料，挤奶过程应减少应激；在预产期前2个月及时干奶；在预产期前15天及时将其转入产牛舍。

5. 产后发情与配种 母牛产犊后子宫需要3~7周的恢复时间，才能建立新的妊娠。平均而言，健康母牛产犊后15天可能发生第一次排卵，第32天发生第二次排卵，但此两次排卵的发情周期大多不正常，无发情表现(安静排卵)或发情表现不明显(安静发情)。母牛产后的第三次排卵平均发生在分娩后的第53天，从第三次排卵开始发情周期和发情表现均已恢复正常，因此从第三次排卵开始即可配种。母牛在分娩时产道受伤(助产或难产时)、子宫和产道发炎、营养不良等情况均会使母牛产后的排卵和发情时间向后延迟。

6. 产犊间隔 产犊间隔指母牛两次产犊之间的间隔时间。中低产母牛的理想产犊间隔为12个月，即母牛每年产犊1次。对于高产奶牛，产犊间隔可适当延长至13~15个月。由于奶牛的妊娠期为280天，那么影响产犊间隔的惟一因素就是母牛产后的配种时间。当要求产犊间隔为12个月时，母牛在产犊后的80~90

天必须配种受胎。当产犊间隔要求为 14 个月时，母牛在产犊后的 140 天内必须配种受胎。产犊间隔过长降低产奶量和产犊率。母牛产后能否按规定要求按时配种受胎，主要受两个因素的影响，即产后母牛体况和生殖系统恢复情况。

(二)母牛发情的观察

奶牛只有发情才能配种受胎。在自然交配的情况下，公牛能够自己发现、找到发情的母牛。但目前奶牛场普遍采用人工授精的配种方式，发现、找出发情的母牛的工作主要靠人来完成。而人的这种能力远比牛差很多，因此，准确有效地监测奶牛的发情是提高牛群繁殖率的基础。

1. 母牛的发情表现　母牛发情早期通常表现出一定程度的紧张和不安，举止活泼，爱离群，到处游走或跑动，并频繁翘鼻子、努嘴和哞叫，阴门出现轻度红肿。追赶其他母牛，用头顶其他母牛臀部，嗅舔其外阴，并试图爬跨，但不接受其他母牛爬跨。

随着时间的推移，母牛进入发情旺期。发情母牛子宫颈和阴道分泌蛋白样黏液并从阴门流出，可见到阴门处有黏液样分泌物并常沾在尾巴上。发情母牛接受其他牛的爬跨，既不反抗也不走开，行为表现转为温和。

旺情期过后，发情母牛不再接受其他牛的爬跨。

接受其他牛爬跨是母牛发情旺期的最重要、最具意义的特殊表现，因此是确定母牛发情的最有价值和最准确的指标。由于该行为比较容易观察，因而此阶段是发现母牛发情的最重要、最关键的时期。这一阶段一般延续 16～30 小时，平均为 16 小时。

除此之外，母牛在发情期间采食量可能会下降，产奶量也有可能降低。

2. 观测发情母牛的方法　根据空怀母牛上次发情时间有针对性地进行观测，即在母牛预期发情日期到来时主动对该牛进行仔细观测。此方法对防止遗漏母牛发情具有非常好的作用。发情母牛的爬跨行为只有在母牛随意活动时才能观察到,因此对于采用拴系饲养工艺的牛群,观察母牛的爬跨行为必须在运动场进行。在饲喂和挤奶时,观察的重点应该是母牛的阴门红肿情况和黏液的分泌情况。发情母牛的爬跨一般多发生于夜间。因此,应在傍晚和清晨观察牛的爬跨行为,白天每隔 4～5 小时观察 1 次。

(三)妊娠表现

妊娠母牛发情周期停止;性情变得温顺,行动谨慎、迟缓;食欲增加,被毛光亮;妊娠 5 个月后腹围明显增大,青年母牛乳房开始发育,泌乳母牛产奶量明显下降。

九、奶牛的保定方法

牛的保定是指将牛体所处的位置和姿势相对固定的方法。

奶牛挤奶员只需要对牛的后肢做简单的保定进行挤奶。

在奶牛生产中,经常需要对牛进行近距离接触。出于对自身安全的保护,牛对人的接近(特别是陌生人的接近)会本能地做出某些防御性反应与动作。由于牛体型大,力量也大,一个简单的动作就会对人造成严重的伤害,因此在接近牛时要特别小心谨慎。

牛角是牛争斗的武器。牛在发生争斗时最常见的攻击动作就是以角面对“敌方”高速前冲。尽管乳用母牛(特别是荷斯坦奶牛)性情比较温顺,在一般情况下很少主动对人发起猛烈的攻击,但牛的性情具有很高的不确定性,有时会突然发怒。因此,在牛场工作的人员不能从牛的正前方向牛接近,也应尽量避免长时间站立、停留在牛的正前方,以免发生危险。

牛的后肢有向后外侧方踢人的本性,因此也不能从牛的正后和侧后方直接向牛接近或长时间站立、停留在牛的正、侧后方,以免发生危险。

接近牛的正确方法是从牛的前侧方缓慢向牛接近，并在与牛相隔一定距离之外先让牛感知你的存在和你接近它的意图，态度要从容温和友好。千万不能突然出现在牛的跟前或附近，使牛受到突然的惊吓，使牛对你产生误解、反感、甚至恶意，导致对你的攻击行为。

对牛的后躯进行某些操作时需要将牛的后肢相对固定，以避免操作人员被牛踢伤。如奶牛在患乳房炎时乳房比较敏感，检查与治疗时需要触碰乳房，引起牛的痛感，因而会引发牛用后肢进行蹬踢等反抗行为，容易对操作人员造成伤害。因此，在进行此类操作时应对牛的后肢进行适当的保定，其方法为用柔软的绳子将牛的后肢在跗关节上方做“8”形缠绕或用绳套固定，即用绳子将牛的后肢固定于正常的姿势，牛可以自然站立，但不能做大范围的活动，也就是将牛的后腿用绳索绊住(图 3-10)。

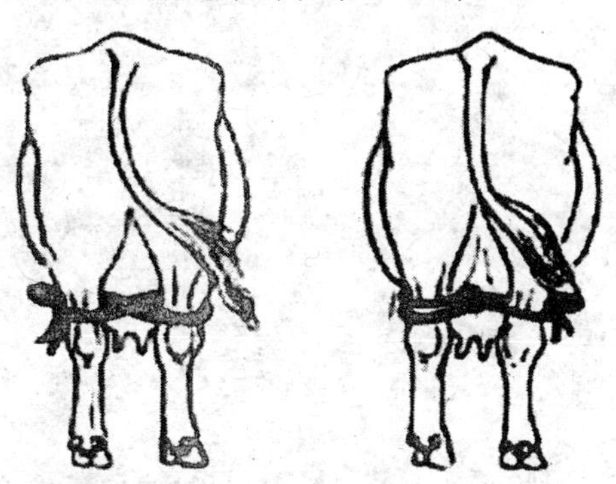

图 3-10　奶牛后肢保定

思 考 题

1. 奶牛乳房的外部形态和内部结构分别是怎样的?
2. 简述牛奶的合成过程和影响因素。

3. 影响奶牛产奶量的因素有哪些?

4. 牛奶的主要物理特性是什么?

5. 如何测定个体产奶量和群体产奶量?

第四章　挤奶设备简介

一、概　述

机器挤奶是现代化奶牛场中的一个主要生产环节,不但有效地提高了劳动生产率,而且显著改善了牛奶的卫生质量。机器挤奶必须符合奶牛的生理要求,不影响奶牛的产奶量。

(一)对挤奶设备的仿生要求

为了保证机器挤奶不对奶牛产生有害的刺激,减少乳房疾病,要求挤奶设备必须具备以下特点:

第一,刺激奶牛排乳,保证奶牛处于明显的排乳状态,充分挤出乳房中的牛奶,并不损害乳房组织。

第二,尽可能模仿犊牛的自然吸奶动作。犊牛吸奶时,首先是用嘴含住乳头进行吮吸,然后扩张口腔,使口腔内形成一定的真空度,乳头括约肌在内、外压力差的作用下张开,乳头乳池中的牛奶流入犊牛口腔。接着犊牛用舌和上腭对乳头进行挤压,同时把奶咽下去,并且作短暂停歇后再进行下一次吮奶。根据测定,犊牛吮奶时口腔内形成的真空度为 15 ~ 38 千帕,吸奶的频率为 40 ~ 70 次/分钟。

(二)对挤奶设备的技术要求

第一,挤奶设备必须具有一定的通用性。每个奶牛场的饲养方式和奶牛头数不同,每头奶牛的产奶量和乳头大小也不同,要求挤奶设备能够满足不同的生产要求。乳头杯的材料要有足够的弹性和合适的尺寸,能够适应大小不同的乳头,并且不会对乳头有任何有害刺激,以免影响奶牛的健康和正常排乳。

第二,符合卫生条件,避免奶牛之间的交叉感染。挤奶设备中的乳头杯、集乳器、奶桶、输奶管道、计量器等都要和奶牛直接或间接接触,制造材料必须无毒、无腐蚀,同时要求拆卸、清洗、安装、调整和保养方便。真空管道中的真空度要保持稳定,保证集乳器中的牛奶不回流到乳头室,否则很容易引起乳头之间的相互感染。

二、挤奶机的基本结构和工作原理

机器挤奶设备的种类和样式很多,但各种设备的结构和工作原理基本相同,主要由真空系统、奶杯组、脉动器、牛奶收集系统和设备清洗系统等组成。其工作的基本原理可以概括为:①利用真空系统在整套设备作业过程中建立起稳定的真空环境。②通过脉动器,将真空系统提供的稳定真空转换为脉动真空,并传送到乳头杯的脉动室,使乳头杯有规律地吮吸和挤压。③通过集乳器将从4个乳头吸出的牛奶汇集起来,由牛奶收集系统输送到贮奶罐内,做暂时保存。挤奶机详细原理见图4-1。

(一)真空系统

真空系统为整个挤奶系统提供稳定的真空环境,真空度一般为50千帕左右。设备类型和输奶管道的安装高度对系统的真空度有影响。通常,输奶管道位置低时,真空度要略低;相反,输奶管道高时则要高些。真空系统由真空泵、真空罐、真空调节器、真空表和真空导管组成,上述设备除管道外都集成在一个机组内。

1. 真空泵 真空泵的作用是将挤奶管道中的空气抽出,使整个系统处于真空状态。真空泵有活塞式真空泵、旋转式真空泵、水环式真空泵和摆动式真空泵等,其中,旋转式真空泵在挤奶装置中

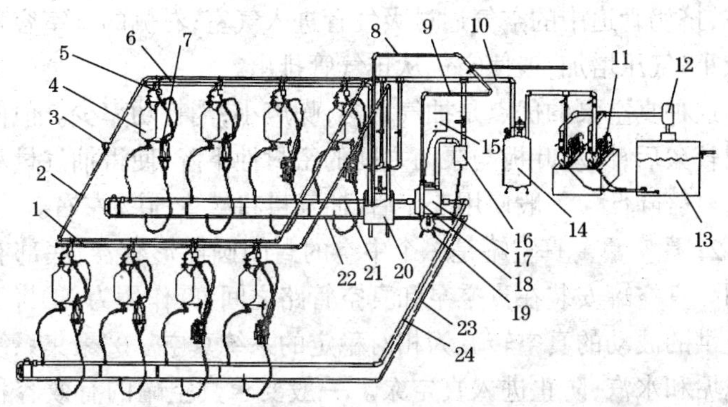

图 4-1 机器挤奶系统原理

1. 水气两用管右 2. 脉动管 3. 真空表 4. 计量瓶 5. 脉动器 6. 水气两用管左 7. 集奶罐 8. 奶泵回水管 9. 打奶管 10. 主气管 11. 真空泵 12. 消音器 13. 循环水槽 14. 真空罐 15. 自动控制器 16. 安全分离器 17. 集乳罐 18. 过滤器 19. 奶泵 20. 清洗槽 21. 主奶管左 22. 清洗水管左 23. 清洗水管右 24. 主奶管右

最常用(图 4-2)。

如图 4-2 所示，旋转式真空泵主要由泵筒、偏心转子和滑动叶板三部分组成。偏心转子与泵筒之间形成一个月牙状的空间，吸气管安装在空间逐渐增大的部分(图中为左侧)，排气管安装在空间逐渐减少的部分(图中为右侧)。偏心转子径向设有 4 个滑槽，槽内嵌有滑动叶板，随着转子的逆时针转动，叶板在离心力作用下被甩出并与泵壁接触，形成 4 个气室。由于转子偏心配置，随着转子转动，左边气室容积不断增加，形成

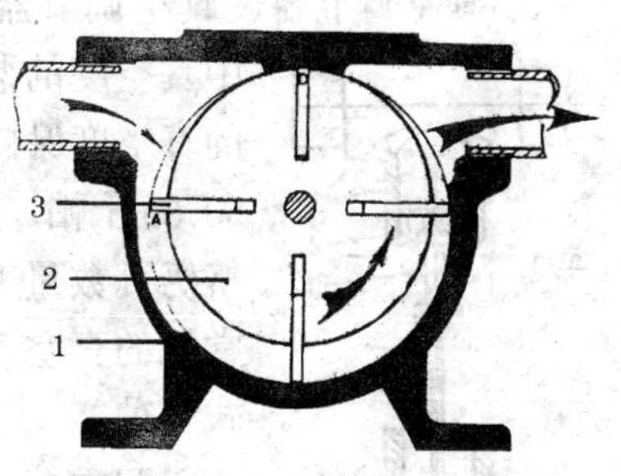

图 4-2 旋转式真空泵

1. 泵筒 2. 偏心转子 3. 滑动叶板

真空,挤奶管道中的空气通过吸气管进入气室;右侧的气室容积不断减小,气压增加,迫使空气从排气管排出。

这种真空泵的优点是抽气均匀,噪声小,消耗功率少。但使用时间较久后,滑动叶板与泵筒之间的密封性下降,使得抽气量和真空度显著降低。一般使用5年后,抽气量将减少50%左右。

2. 真空罐 真空罐是一个中空的封闭圆筒形容器,底部有排污阀。真空罐安装在真空泵和真空管路之间,其作用为:①将真空泵提供的波动的真空转变为相对稳定的系统真空。②聚集系统内的泥垢和水汽,防止进入真空泵。一般要求真空罐的有效容积不小于15升。

为了防止罐内聚集的液面过高而被吸入真空泵,有的真空罐内还加装浮子阀门,浮子随液面升高到最高限度时,阀门就会将通往真空泵的吸气管堵塞。

在真空管道和真空泵之间,可以安装一个滤清装置,可净化吸入管道中的空气,减少空气中的污物对真空泵的磨损。

3. 真空调节器 真空调节器是一种能够自动调节真空管道中真空度的装置。其作用包括:①使系统内的真空度保持在规定值附近,一般为46.66~50.66千帕。②避免由于真空管路上作业的挤奶机数量变化而引起系统真空度的变化。常见的真空调节器有配重式、诱导式和弹簧式三种。

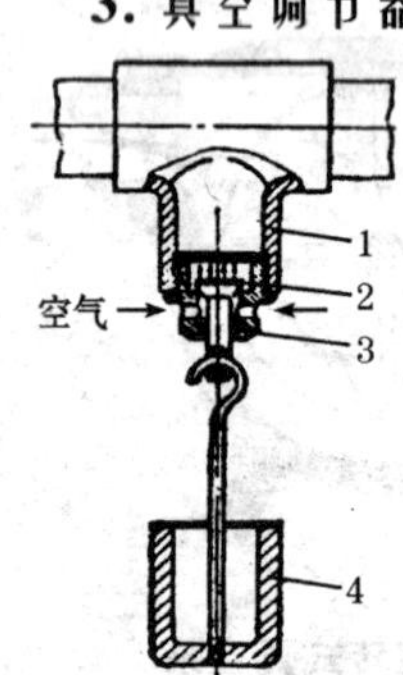

图4-3 配重式真空调节器

1. 器体 2. 阀门杆 3. 弹簧座 4. 配重子

配重式真空调节器见图4-3,主要由器体、阀门和配重子三部分组成。配重子内装有沙子,通过铁钩挂在阀门杆上,通过阀门的上下移动来改变器体内空气的体积,进而维持真空度的稳定并保持在规定值附近。改变配重子内的沙子的重量可调节管道内的真空值。这种真空调节器结构简单,能够保持较精确的真空度,但需要保持配重子处于稳定的垂直位置,不适用于移动式挤奶装置。

弹簧式真空调节器见图 4-4,由调节器阀门座、阀门、压力弹簧等组成。平时,在压缩弹簧力的作用下,阀门紧闭在阀门座上。当真空管路上的真空度超过正常范围时,阀门下端负压增加,阀门平衡被打破,阀门两端的气压差克服弹簧力使阀门打开,空气通过空气孔进入管道,真空管路内真空度开始恢复。当管内真空度恢复到规定值时,阀门两侧压力为零,在弹簧力的作用下,阀门复位,空气停止进入真空管路。转动罩盖可以调节弹簧预应力的大小,进而调节管路内的真空度。这种调节器是以作用在阀门上的弹簧力来代替配重子的重力,由于是通过弹簧的变形大小来调控管内真空度的,所以控制真空的精确度不如配重式。

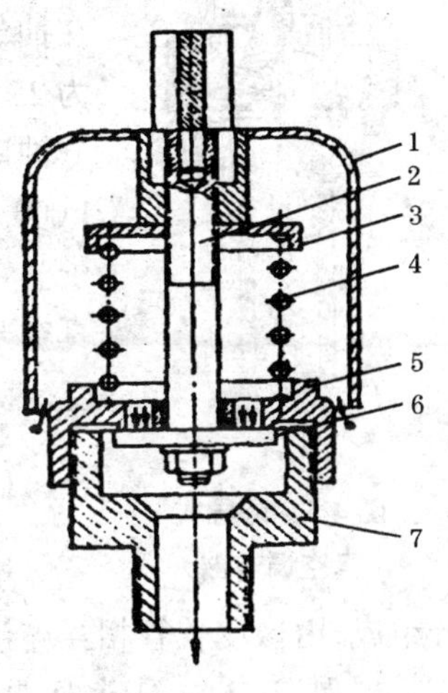

图 4-4 弹簧式真空调节器

1. 罩盖 2. 阀门杆 3. 弹簧座 4. 压力弹簧 5. 阀门座 6. 阀门 7. 器体

诱导式真空调节器见图 4-5,这种调节器采用混合结构,结合了配重子和弹簧联合使用在同一个调节器上。其结构复杂,但性能优于前两种,灵敏度高,已被广泛采用。

4. 真空表 用来指示管路内的真空度,装在靠近真空泵的管路上。当真空表的指针指在零位时表示管路的气压与外界的气压一致,即无真空度;当指针指在 100 千帕位置时,表示管路内无空气存在,形成完全真空。

5. 真空管路和真空开关 真空管路用来输送和分配真空到各个挤奶点。管路通常采用镀锌钢管铺设。为了减少气流在管内

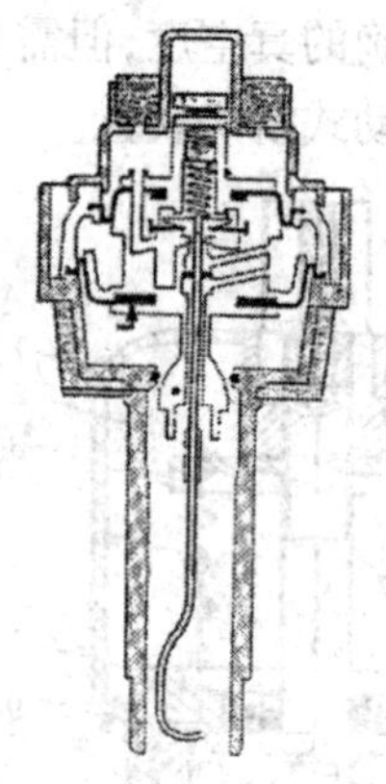

图 4-5 诱导式真空调节器

流动时因克服管路阻力所形成的真空压力差,管子内径应与真空泵的抽气量相适应。在抽气量不大于 300 升/分钟时,选用直径为 25 毫米的管子;抽气量为 300 ~ 600 升/分钟时选用直径为 38 毫米的管子;大于 1 000 升/分钟时需用直径为 51 毫米的管子。管路中央应向两端形成 0.2% 的坡度。真空开关用于接通或关闭通入挤奶器的真空。

(二)挤 奶 器

挤奶器由乳头杯、脉动器和集乳器三部分组成,由橡皮软管相互连接,如图 4-6 所示。

1. 乳头杯 乳头杯是挤奶器的执行机构,也是与奶牛乳房直接接触的部件,其性能和质量直接影响挤奶效果和奶牛的健康,必须予以充分重视。如图 4-6 所示,乳头杯主要由杯内套、杯外套、乳头室和脉动室四部分组成。外套一般由不锈钢或树脂材料制成,内套是经过防吸收脂肪处理的橡胶圆筒。外套与内套两端严密封口,形成其中封闭的脉动室,脉动器通过长脉动管和短脉动管向脉动室内输入可变真空。乳头杯套在乳头上时,乳头与杯

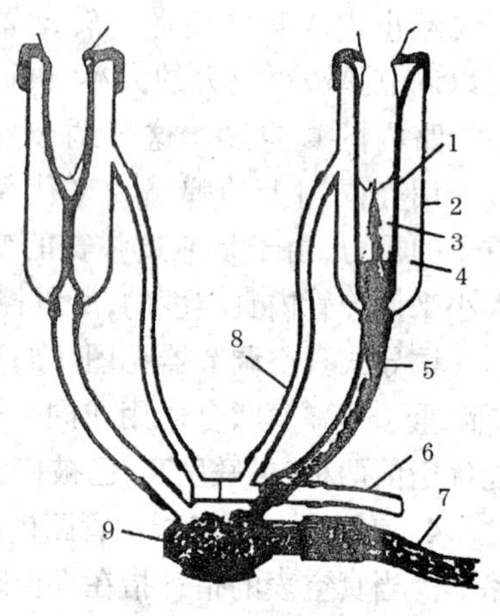

图 4-6 挤奶器的组成

1. 乳头杯内套 2. 乳头杯外套 3. 乳头室 4. 脉动室 5. 短乳管 6. 长脉动管 7. 长乳管 8. 短脉动管 9. 集乳器

内套组成的闭合区域为乳头室,乳头室内气压随脉动室的真空度变化而发生改变。利用乳房内部压力大于乳头室,迫使乳头括约肌开放,牛奶被吸入乳头室,并通过短乳管进入真空集乳器。

乳头杯有两节拍和三节拍两种类型。前者包括吮吸和挤压两个节拍,后者是在前者的基础上增加了休息节拍,即在吮吸和压挤两个节拍之后还增加一个休息节拍。这种乳头杯虽比较符合犊牛的自然吮吸过程,不易引起乳房疾病,但挤奶速度低,乳头杯易脱落,奶不易挤净,在生产中很少使用。

两节拍乳头杯的工作过程见图 4-7。在吮吸节拍时,乳头室和脉动室内都为真空,杯内套处于自由状态。在乳房内部和乳头室的压力差作用下,乳头括约肌开放,牛奶流入乳头室。在压挤节拍时,脉动室内进入大气,气压增大,乳头室仍处于真空,在内外压力差作用下,乳头杯内套开始收拢,对乳房形成挤压,使乳头括约肌关闭,牛奶停止流出。压挤节拍不但能起到按摩作用,还有利于乳头血液流通和增加排乳反射刺激。

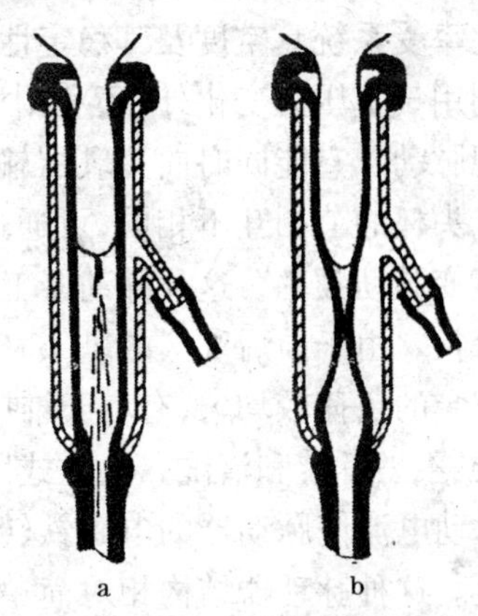

图 4-7　两节拍挤奶过程

a. 吸吮　b. 压挤

两节拍挤奶器的挤奶速度快,有较高的生产率。但是,乳头长期处于真空压力下,容易对乳房造成伤害,所以使用时要加强乳房护理。

2. 脉动器　脉动器是一种将系统中稳定真空变为乳头杯所需的脉动真空的装置,并通过长脉动管和短脉动管输入到各乳头杯的脉动室内,使乳头杯有规律地完成吮吸和挤压。脉动器控制着整个系统的作业节奏，直接影响着挤奶设备的性能，因此被称为挤奶设备的“心脏”。

根据脉动器工作过程中的节拍数，可分为两节拍式和三节拍式，由此也决定了乳头杯工作过程是两节拍还是三节拍。根据其设计原理，可将脉动器分为气压式、液力－气压式和电磁式脉动器三大类。气压式脉动器利用系统真空作为主控制阀移动的动力源，工作稳定可靠，但其结构复杂，制造工艺要求较高。此外，这种脉动器对环境的温度、湿度和粉尘较为敏感，输出的脉动频率和脉动比率受系统真空度及其稳定性的影响。液力－气压式脉动器除了利用气室压力变化外，还利用液体在密封系统内的往复流动来实现脉动。它能同时向集乳器输送真空和大气压力，以使前后乳区乳头杯的节拍互不相同，可通过调整脉动器限流器的孔径大小来改变脉动频率。这种脉动器工作稳定，不受外界温度影响，使用寿命长。由于前后乳区的乳头杯非同时形成吮吸和挤压节拍，故真空泵的负荷较均匀，有利于维持真空管道内真空的稳定，但结构复杂，不易拆装和清洗。电磁式脉动器通过节拍控制器输出的低压脉动电流使脉动器的电磁铁转换工作状态，实现脉动器输出的转换。这种脉动器结构相对简单，性能稳定，可控程度较高，易实现实时控制，但因每个系统仅配置一个节拍控制器，无法实现各个乳头杯的分别调节。

脉动器的性能参数包括脉动频率和脉动比率。脉动频率是指脉动器输出的每分钟脉动循环的次数，表现为挤奶器每分钟作业循环的次数，也就是说乳头杯每分钟吮吸和挤压的次数。实际使用的脉动频率一般为55～75次/分钟。脉动频率不能过高也不能过低，过高容易导致乳头括约肌过于松弛而闭合不严，使病菌进入乳头，诱发乳房炎；过低时将延长每个循环中吮吸节拍所占的时间，易使乳头充血，诱发乳房疾病。

脉动比率是指每个脉动循环中吮吸节拍与挤压节拍相比所占

用的时间百分比，通常为 50% ~ 65%。脉动比率过低时，挤奶速度显著减慢，过高时虽能加快挤奶速度，但很容易引起乳头充血，进而诱发乳房疾病。

3. 集乳器　集乳器是用来将 4 个乳头杯的牛奶汇集起来，再迅速地输送出去的装置，还兼有将脉动器输出的脉动真空分配给各个乳头杯的作用，见图 4-8。

如果乳头室内真空度波动较大时很容易造成回奶，进而诱发乳房疾病。而集乳器的容积大小则直接影响乳头室真空度的稳定性。要求其有效容积不小于 80 毫升。目前使用的集乳器的有效容积多为 240 毫升以上，有的先进挤奶设备的集乳器容积已经扩增到 400 毫升以上。

图 4-8　集乳器结构

（三）牛奶收集系统

牛奶收集系统包括从集乳器直到贮奶罐之间所有的设备和管道，主要有计量器、集奶罐、奶泵、输奶管和贮奶罐。

1. 牛奶计量器　牛奶计量器是一个有计量刻度的玻璃瓶，安装在集乳器和输奶管道之间，用来计量个体奶牛一次的挤奶量。常用的牛奶计量器有计量瓶和比例分流计量器两种。图 4-9 为传统的计量瓶，容积为 20 ~ 30 升，每头奶牛在整个挤奶过程中所被挤出的牛奶暂存于计量瓶内，待该头奶牛的挤奶作业完成以后，直接读出牛

图 4-9　计量瓶

奶液面位置(即奶量)。人工记录时采用目测方式,而自动记录时则采用超声波测出。挤奶时开启与挤奶真空管路接通的真空阀,排乳时关闭真空阀,使空气进入计量器,打开底部的排乳阀,使计量器底部与输奶管路接通,牛奶在输奶真空管路中的真空压力下进入集奶罐。

图 4-10　集奶罐与奶泵

2. 集奶罐与奶泵　集奶罐用于汇集输奶管路流出的牛奶并由此通过奶泵将牛奶输送到牛奶预冷却器和牛奶冷却贮存罐。集奶罐上装有自动控制内部奶液平面高度的装置,底部通过管道与奶泵的吸入管相通,如图 4-10 所示。当集奶罐内的奶量达到设定值时,液位检测及控制装置启动奶泵,将集奶罐内的牛奶泵入贮奶罐。

3. 贮奶罐　贮奶罐用来暂存已经冷却的新鲜牛奶并在4℃下保存直至运出。

图 4-11　直冷式贮奶罐

直冷式贮奶罐在生产中最常用,由奶罐、搅拌器、洗涤器、冷却机组、余热回收装置和电器控制箱等组成,其容积根据奶牛场牛群规模而定,一般总容积最多可贮存 2 天的产奶量。

(四)清洗系统

挤奶设备的清洗系统用于清洗挤奶后残留在输奶管道壁上和容器内表面上的奶垢,以及杀死残留在上面的细菌和微生物。清洗系统由乳头杯冲洗架、冷热水供给系统、洗涤剂供给系统、程序控制系统等组成,整个清洗过程在程序控制系统的控制下进行。

清洗时，首先利用系统真空将输奶管道内残留的牛奶清理出来，然后可按要求在一定时间内通冷热水清洗并用药剂消毒整个系统，并能自动完成酸、碱不同类型洗涤液的调配。

(五)奶牛的固定和释放

挤奶厅内，通常由控制挤奶栏门的关闭和开启来固定和释放奶牛。挤奶栏门一般由压缩空气作动力，通过活塞连杆机构操纵。控制压缩空气进出活塞缸筒的阀门操纵杆设在挤奶厅的操作坑道内，由挤奶员操纵，使每头或每批奶牛在挤奶结束时及时按正确的方向走出挤奶栏，同时让待挤的奶牛进入挤奶栏。

三、挤奶机的类型和适用条件

将真空系统、挤奶器(包括乳头杯、脉动器、集乳器及连接软管)、各种管道和其他辅助设备按照不同方式组装，形成能够完整地完成挤奶作业的有机整体，称之为机械挤奶设备。不同类型的挤奶设备适合不同的饲养方式和牛群大小。一般可分为提桶式挤奶设备、管道式挤奶设备、厅式挤奶设备和移动式挤奶设备，近几年还出现了机器人全自动挤奶设备。

(一)提桶式挤奶设备

提桶式挤奶设备如图 4-12 所示，牛舍内安装固定的真空管路，每个槽位附近留有真空接头。挤奶器和奶桶组装在一起，脉动器安装在奶桶盖上。作业时，挤奶员要先把挤奶器和奶桶移至待挤奶牛的位置，再把奶桶上的软管与预留的真空接头连接，将真空导入奶桶。然后，将乳头杯套在奶牛的乳房上，在奶桶内真空压力作用下，牛奶直接流入奶桶，再倒入贮奶罐集中冷却贮存。

提桶式挤奶设备适用于只有 15 ~ 20 头奶牛的小型奶牛场。

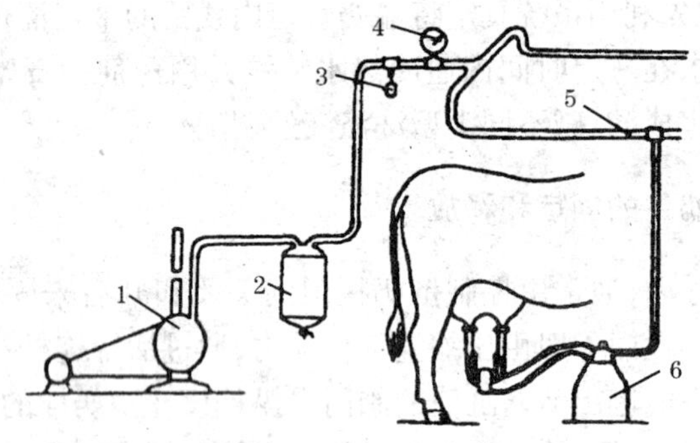

图 4-12　提桶式挤奶设备

1. 真空泵　2. 真空罐　3. 真空调节器　4. 真空表　5. 真空管　6. 奶桶

这种挤奶设备劳动生产率低，牛奶易受牛舍内空气的污染，在很多奶业发达的国家已逐步被管道式挤奶设备取代。

(二)管道式挤奶设备

管道式挤奶设备如图 4-13 所示，多用于规模化的拴系式牛舍中。牛舍内要安装固定的真空管道和输奶管道，并配有若干套挤奶器。作业时，挤奶员需要把挤奶器移至奶牛附近，并接好真空连接管和输奶连接管。所挤出的牛奶由封闭的输奶管道直接送到贮奶罐冷却贮存。根据真空管道和输奶管道的布置位置不同可分为高配管式和低配管式两种。高配管式是指将真空管道和输奶管道布置在牛颈枷上方，两管道的挤奶器接口处洁净，但管道布置困难。低配管式是指将真空管道和输奶管道布置在牛颈枷下方，为保护输奶管道，输奶管道一般套在真空管道的内部，对于管道的挤奶器接口处清洁保护要求较高。高配管式布置在生产中使用得比较多。

采用管道式挤奶设备，在整个挤奶过程中牛奶不与外界接触，有效地提高了牛奶品质，而且劳动生产率较高。但输奶管道较长，安装要求较高。

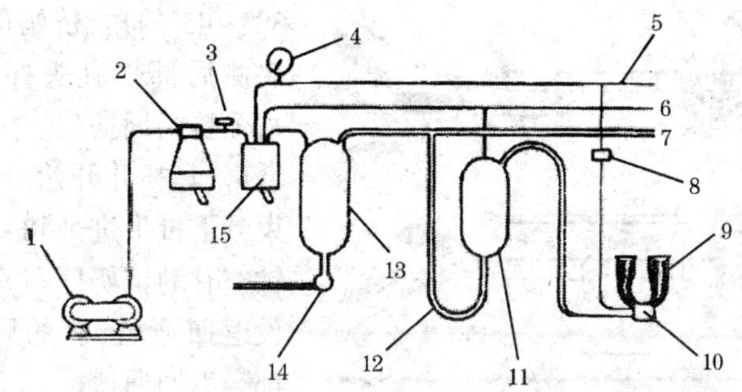

图 4-13　管道式挤奶设备

1. 电动机和真空泵　2. 真空罐　3. 真空调节器　4. 真空表　5. 脉动器的真空管道　6. 挤奶用的真空管道　7. 输奶管道　8. 脉动器　9. 乳头杯　10. 集乳器　11. 牛奶计量器　12. 输奶软管　13. 集奶罐　14. 牛奶泵　15. 气液分离罐

(三)厅式挤奶设备

挤奶厅是采用散栏式饲养方式的奶牛场和奶牛养殖小区的重要配套设备。根据挤奶设备的不同布置,可以分为多种类型,在生产实际中,最常用的有并列式挤奶厅、鱼骨式挤奶厅和转盘式挤奶厅。

1. 并列式挤奶厅　并列式挤奶厅中央设置挤奶员工作坑道,挤奶栏位设在坑道两侧,挤奶员站在坑道内工作(如图 4-14 所示)。挤奶时,奶牛尾部朝向挤奶坑道,垂直于坑道站立,挤奶员从奶牛后腿之间将乳头杯套在乳房上,每个挤奶周期为 5~8 分钟。挤奶结束后,奶牛从两侧通道返回。挤出的奶由输奶管道直接送到贮奶间的贮奶罐内。这种挤奶厅造价低,但奶牛进出及挤奶操作不够方便。

2. 鱼骨式挤奶厅　鱼骨式挤奶厅是最常用的形式。如图 4-15 所示,挤奶厅的中央设置挤奶员工作坑道,两排挤奶机排列形

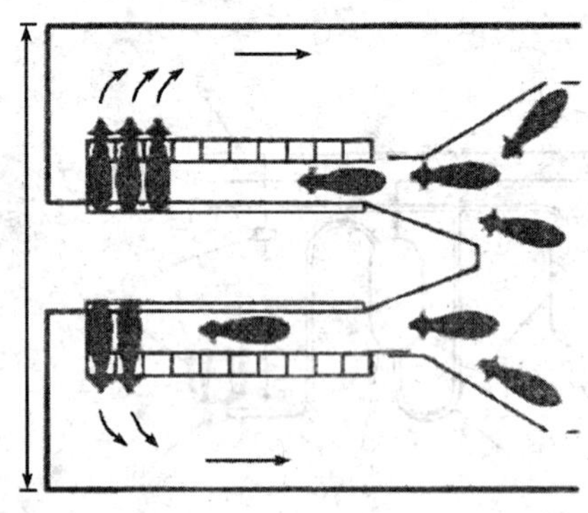

图 4-14 并列式挤奶厅

状如鱼骨，与坑道形成30°～45°的角，挤奶员从奶牛侧后部将乳头杯套上。每个挤奶周期（进牛、擦洗乳房、套杯并开始挤奶、结束到下批牛进来）8～10分钟。有的挤奶厅只在一侧设返回通道，有的则两侧都设返回通道。

这种挤奶厅奶牛是按组而不是单个进出的，因

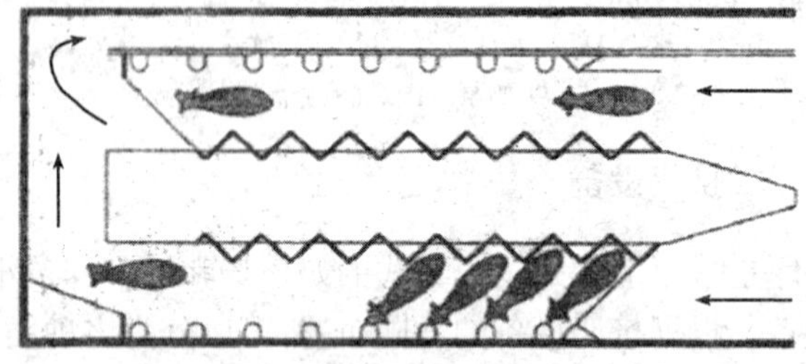

图 4-15 鱼骨式挤奶厅

此，牛群移动和周转效率较高。但是，每批奶牛中，如果某头奶牛出奶较慢的话，就会影响整批奶牛的挤奶时间。为提高挤奶效率，最好将出奶慢的奶牛淘汰或单独组成一个牛群进行挤奶。

3. 转盘式挤奶厅 转盘式挤奶厅是利用旋转的挤奶台进行流水作业，每个转台能提供的挤奶栏位多达 80 个，适用于较大规模的奶牛场。转盘式挤奶厅分坑道内挤奶和坑道外挤奶两种基本形式，如图 4-16 所示。

目前，我国安装的转盘式挤奶台多为坑道外挤奶。采用这种挤奶厅，奶牛逐个进入挤奶台，面向转盘中央站立，挤奶员在转盘

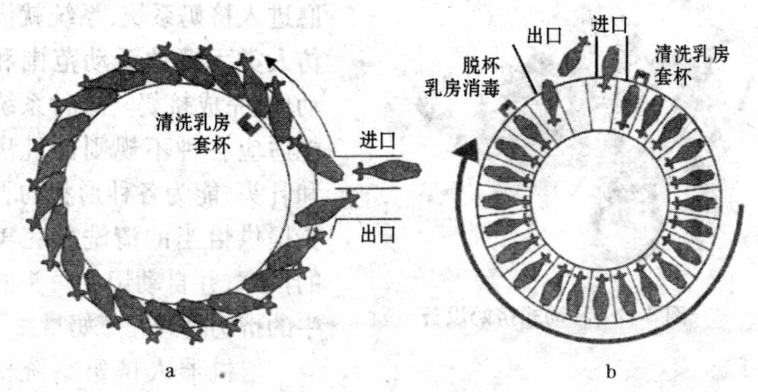

图 4-16 转盘式挤奶厅

a. 坑道内挤奶 b. 坑道外挤奶

入口处将乳头杯套在牛乳房上，不必来回走动，操作方便，每转一圈需 7~10 分钟，转到出口处时挤奶已完成，奶牛离开转台。

每个转盘一般配置 3 名挤奶员，分别负责挤奶前乳房的清洗消毒、套杯和挤奶后消毒。使用这种挤奶厅，挤奶员的劳动强度低，作业质量高，但要求挤奶员的工作节奏必须符合转盘的旋转速度，否则，挤奶将无法正常进行。此外，转盘式挤奶厅结构复杂，造价高，制造和维修也比较困难。

(四)移动式挤奶设备

移动式挤奶设备是将真空装置、挤奶器和奶桶(或奶罐)等都组装在一个手推的小车上(如图 4-17)，可根据奶牛停留的不同位置随意移动的挤奶设备。这种挤奶设备多用于放牧场上和产牛舍中。一般每个小车上配备 1~2 套挤奶器，配有 2 套挤奶器的小车每小时可挤 12~15 头奶牛。

(五)机器人全自动挤奶系统

机器人全自动挤奶系统的最大特点是当奶牛想挤奶时，就自

图 4-17　移动式挤奶设备

愿进入挤奶系统，系统就模仿人类手臂的活动范围和动作，完成挤奶。这种系统能适应各种不规则的乳房和乳头，能为各种形状的乳头提供恰当的清洗与完美的按摩，并自动记录每头奶牛的挤奶时间和产奶量。

但机器人挤奶系统价格十分昂贵，目前，只有少数发达国家拥有这种设备。蒙牛澳亚国际示范牧场引进的此设备是中国第一套高智能全自动机器人挤奶设备。

四、挤奶设备的维护和保养

挤奶设备是一个整体，任何零部件的磨损和功能不正常都会使整个系统的工作效率下降，甚至使挤奶作业不能进行。挤奶设备的常规维护对于保证挤奶系统工作的有效性和降低奶牛乳房患病率是十分必要的。更换挤奶设备的零部件并对其进行的各种维护、保养都要详细记录，这些都是很有价值的参考资料。

(一)挤奶机的日常维护

挤奶设备必须进行良好的维护、保养才能有效挤奶。不能正确操作或不能正常运转就会影响挤奶，伤害奶牛的乳房和乳头。挤奶设备除了日常维护外，每年都应当由专业工程师全面维护一次。

1. 乳头杯的清洗　每周 1 次将乳头杯拆洗 1 遍，把不锈钢乳头杯、胶套和脉动短管内外清洗干净、晾干，再装好。装回原位时应注意,杯套顶部与中部要对成一条直线,避免扭曲,否则会对奶牛乳头造成伤害。

2. 脉动器的维护　脉动器是挤奶机的心脏,各组成部分都极其精密,是保证挤奶机正常工作的关键。脉动器的维护,要做到每2个月仔细清理运动部件和脉动器壳体。清洗时,使用自来水和柔性清洗剂,用毛刷刷除污物,用清水冲净后晾干,拆装时要注意先后顺序。如果挤奶机是在非常潮湿或灰尘很大的条件下作业,上述清洗至少每个月1次。一旦有牛奶进入脉动器应及时清洗并干燥。建议每年至少用脉动器测试仪检测1次脉动器的脉动频率和脉动比率,最好由专业部门或挤奶机技术服务人员进行。如果脉动器需要彻底检修,就要与经销商联系。

3. 集乳器的清洗　将集乳器全部拆开,手工清洗各部件,每周1次。清洗过程中要注意检查各橡胶件,如出现裂缝、老化等,要及时更换。

4. 真空泵的维护　真空泵是整个挤奶系统的动力部件,它的性能好坏直接影响着挤奶机的工作状态,因此真空泵的维护与保养很重要。

第一,要保持真空罐和稳压器滤网清洁。真空泵内绝不允许有任何微小的杂物进入,否则其性能将会受到很大的影响,甚至被毁坏。真空罐是杂物进入的主要渠道,因此,每次挤奶结束后都要擦净其内腔,下一次挤奶前还要注意检查,如又有杂物进入,则需再次擦净。真空稳压器的滤网要定期清洗,保持干净,确保稳压器正常工作。切不可在没有滤网的情况下开机,否则空气中的杂物很容易进入真空泵。如果真空泵中吸入了牛奶,应立即停机,冲洗真空罐及橡胶真空管,否则会烧毁电机。

第二,及时更换橡胶密封件。真空罐上的橡胶密封件连续使用半年后会有不同程度的老化或变形,用户可根据实际情况(如漏气)进行更换。

第三,经常检查传动皮带。电机和真空泵的装配在出厂前经过严格调试,保证电机和真空泵皮带轮在同一个平面上,因此,用户不要随意自行拆卸。使用过程中要经常检查传动皮带,看是否磨损或过松,如皮带过松则需张紧,如磨损严重则需更换。否则,将造成真空下降或不稳定,严重影响挤奶过程。

5. 年检 每年要请相关工程师对挤奶设备进行全面测试检查,这对确保设备正常运转十分重要。工程师建议修理或更换的部分应立即进行。服务后,工程师应填写服务报告,留交牧场一份。工程师应该做以下几个检查(特殊设备除外):测量真空度、真空贮备量和脉动性能,检测真空调节器,对真空泵、奶泵膜片等进行全面检查。检查中发现设备有任何问题,都应立即解决。

(二)挤奶设备常见故障及排除方法

1. 真空泵不能启动 真空泵不能启动可能由以下原因引起:①电动机不能运转。②真空泵叶片卡住。③真空泵体内有异物。④奶或水进入泵体。排除的方法一般为:①检查电源供电是否正常,电机接线是否正确。②拆开真空泵,检查叶片能否在泵内壁顺利滑动,如果发现滑片滑动不顺畅,应清除污物,保证叶片滑动顺畅。③应把泵体内的异物清除及清洗真空泵内壁。④检查渗漏原因,将泵体内的牛奶或水清除后用煤油或柴油擦净泵内的每个部件,再加机油润滑泵体及叶片,然后重新组装好。

2. 集乳器故障 集乳器产生故障的原因可能为:①集乳器里存的牛奶太多,不能正常抽入奶罐里。②下奶不正常,速度比平时慢得多。遇到这种情况时,应该采取以下方法排除:①集乳器上的小孔堵塞,疏通小孔即可。②检查与集乳器相连的管子是否破裂而造成漏气。

3. 真空度过低 引起真空度过低的原因很多,概括为:①泵轴密封损坏泄漏。②消声器阻塞。③真空泵内漏。④真空管道接头漏气。⑤牛奶接受罐内不时有气泡冒出。⑥油壶供油不正常。⑦真空稳压器卡死。排除方法:①更换泵轴密封圈。②拆开消声器,用水清洗或用木槌敲击,取出锈蚀物。③更换叶片,并保证充分润滑。④紧固各部分接头,更换损坏的密封圈。⑤止回阀损坏或安装位置不正确的应更换止回阀或调整安装位置。⑥油壶内有水或被其他污物堵塞,应立即清洗干净。⑦检查稳压器,必要时更换磨损件。

4. 真空表指针摆动不稳定 遇到这种情况时,首先要看真空稳压器是否清洁或被堵塞,如果是,则应清除稳压器的脏物,清洁干净。其次,检查真空表是否损坏,如果损坏则立即更换真空表。

5. 在真空状态下奶泵抽不出奶 奶泵轴封磨损或单向阀损坏可能导致真空状态下奶泵抽不出奶。排除的方法一般是更换奶泵轴封或更换单向阀。

6. 液位控制失灵 液位控制器损坏会导致液位控制失灵,要及时更换控制器。

7. 脉动器工作异常 脉动器工作异常一般指脉动器不脉动或脉动频率不正常。脉动器不脉动主要表现为滑阀停止往返运动,没有脉动气压输出。产生的原因主要为:①冬季由于气候寒冷,滑块被冻结在滑座上。挤奶后将挤奶机存放在4℃以上的地方,也可将脉动器拆下放在温暖的地方,使用时再装上,就可排除这种故障。②对于底座上有插板的脉动器在安装时没有插到位,或工作中因振动而滑出导致漏气的,也会出现不脉动现象。将脉动器安装到位故障即可排除。③脉动器进水,特别是提桶式挤奶机,由于脉动器一般都安装在桶盖上很容易进水。当换气室或节流孔内充满水后,脉动器就会产生不脉动现象。一般将脉动器拆开,清除其中积水即可排除。

脉动频率不正常主要由以下几个原因引起:①节流孔的大小调整不当或孔中有杂质,适当调节节流孔大小或清除其中的杂质,即可将脉动频率调到规定的脉动频率范围之内。②换气室进水，使换气体积减小，会使脉动频率变快。及时清除积水即可排除故障。③工作时真空度不合适。调整脉动器频率时，一定要在正常的工作真空度下进行，否则调整的结果会发生偏差。④带插座的脉动器如果插座没有插到位，会造成少量的空气泄漏，而使脉动频率变慢。漏气严重时也会出现不脉动现象。

五、挤 奶 厅

挤奶厅是现代化奶牛场和奶牛养殖小区的重要配套设施。挤奶厅一般包括挤奶区、待挤区、贮奶间、机房、库房、维修间和其他附属设备。

(一)待 挤 区

待挤区是进入挤奶厅前奶牛等候的区域，是挤奶厅的一部分。挤奶时，为了使奶牛在待挤区等待时间不多于1小时，待挤的奶牛头数一般不要超过挤奶栏位数的4～5倍。

严寒地区一般将待挤区设在舍内。待挤区与挤奶厅连在一起，这样待挤区奶牛能清楚地看到挤奶情景，可使挤奶过程更加顺畅。待挤区一般无须保温，待挤区的奶牛自身散发出的热量即可维持适当的温度，不需另外增加保温措施。气候较暖的地区，直接在待挤区搭建凉棚，以供奶牛夏季遮荫避阳、冬季躲避雨雪。待挤区周围用栏杆围住，防止奶牛跑出去。不同待挤牛群之间也要用栏杆分开，防止混群。待挤区最好采用自然通风来排除奶牛释放的湿气和热量。夏季气温较高的地区，应给待挤区提供降温和喷淋设备。待挤区地面要进行防滑处理，并保证良好的照明和通风条件。

(二)挤 奶 区

挤奶区是挤奶厅的核心部分,其设备和布局详见本章“(三)厅式挤奶设备”。

(三)贮 奶 间

在挤奶区挤出的牛奶需要送到贮奶间进行简单处理并暂时保存。贮奶间是放置贮奶罐的地方,也是收奶、过磅和牛奶冷却的地方。贮奶间的大小由贮奶罐的大小和摆放位置决定。一般贮奶间内要多留出一个贮奶罐的放置空间。

常见的贮奶罐有直冷式贮奶罐、立式贮奶罐、卧式贮奶罐等,容积有1 000升、2 000升、5 000升等。贮奶罐的选择,要根据牛群的大小和产奶量、运奶时间间隔以及投资等多方面考虑。贮奶罐一定要有可靠的冷却系统和良好的清洁设备,这是牛奶保鲜的关键。牛奶的冷却系统如图4-18所示,要保证在2~3小时内将新鲜牛奶冷却到4℃。冷却过慢或冷却温度在4℃以上都将导致牛奶内的细菌大量繁殖。

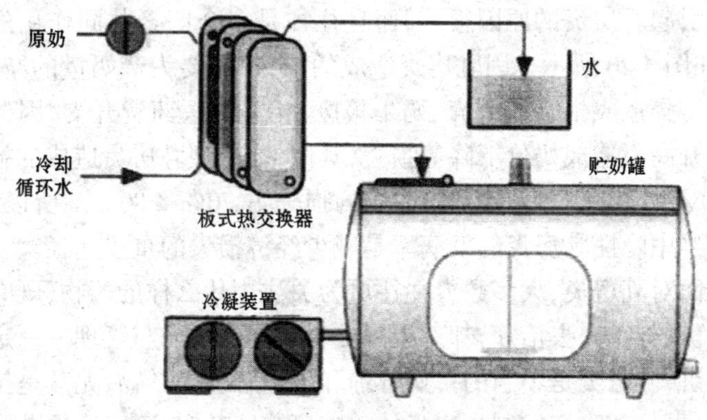

图4-18　牛奶冷却系统

(四)其他辅助设施

挤奶厅还要有库房,用于存放真空泵、空气压缩机、制冷压缩机、热水炉以及办公桌等物品。库房内一定要保持良好的通风,地面不能有积水。由于真空泵、牛奶冷却设备、热水炉及风扇等设备都需要电,因此一定要提供稳定的电源。此外,还要设立贮存间、办公室、厕所等。

(五)挤奶厅的布局

挤奶厅的布局合理与否直接影响挤奶牛的转移速率和牛群的肢体损伤情况。常见的挤奶厅布局如图 4-19 所示。

六、挤奶机工作状态与奶牛乳房健康

乳房炎是奶牛最常见,也是经济损失最大的病症。乳房炎不仅影响奶牛的产奶量而且影响牛奶质量,严重的会导致奶牛完全不泌乳。

引起乳房炎的原因很多,而且往往是多个因素共同作用的结果,如图 4-20 所示。因乳房炎造成的损失,主要为产奶量的减少、因乳房炎造成牛奶的废弃、奶牛报废、相关的医药费开支、因体细胞数升高而造成奶价下降等损失,其中,临床型乳房炎造成的损失占 20% ~ 30%,隐性乳房炎造成的损失占 70% ~ 80%。所以,减少牛群中隐性乳房炎的发病率是减少经济损失的重要途径。

面对乳房炎,大多数人往往更为关注用什么样的药物(既有效又廉价的药物)去治疗,却忽视了更为重要的预防与管理。一定程度上讲,乳房炎是不当的挤奶管理和卫生管理的产物,尤其是挤奶管理,更是预防和控制乳房炎的关键环节。其实,真正入侵乳头管的细菌并不多,微生物的传染大多发生在挤奶过程中。一旦微生

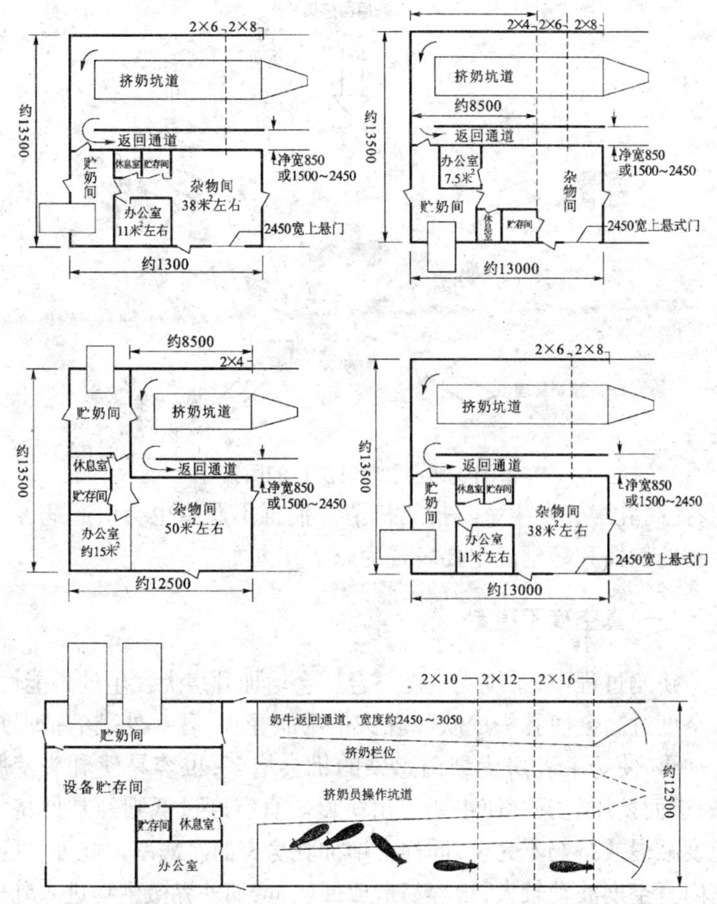

图 4-19　常见挤奶厅的布局示意图　（单位:厘米）

物落入牛奶中,很容易通过挤奶员的手、乳头杯和其他挤奶设备从一个乳区传染给另一个乳区或从一头奶牛传染给另一头奶牛。

选择性能良好的挤奶机是预防乳房炎的首要条件。挤奶机的性能不佳或管理和使用不当,很容易造成乳房损伤或增加细菌对奶牛的感染机会。挤奶机使用不当,能刺激并伤害奶牛的乳房组

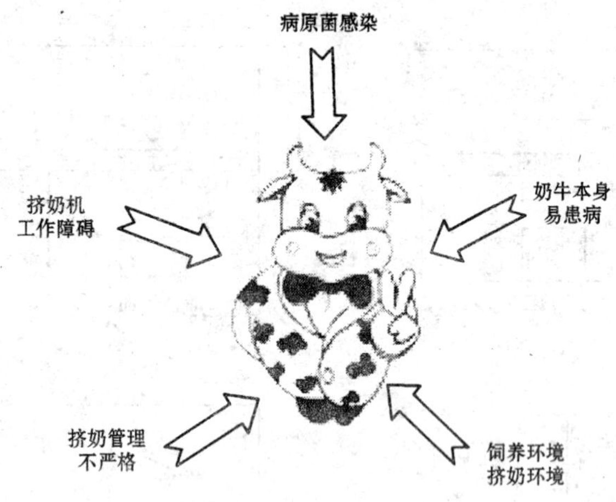

图 4-20　引起乳房炎的因素

织，提高乳房炎发生率。挤奶机清洗消毒不严格也会引起病原微生物的传播和蔓延。主要表现为以下几方面。

(一)真空度不稳定

挤奶过程中，系统真空度不合适会增加乳房炎发生的可能性。真空度过高会使乳头皮肤和乳头括约肌受损，乳头外翻的情况也会加重，使奶牛乳房受细菌感染的机会增多，也容易使乳头壁肿胀，进而挤压乳头管使牛奶流出缓慢。真空度过低则经常使挤奶速度减慢或挤奶不完全，同样会增加乳房炎的发病率。此外，乳头室内真空度波动较大，很容易造成回奶，增加外界微生物进入乳房的机会，进而引发乳房炎。

(二)脉动性能不佳

脉动周期不规则和真空持续不规则变动的协同作用很容易引发乳房炎。脉动频率过高会导致乳头括约肌过于松弛而闭合不严，使病菌进入乳头的机会增多，增加乳房炎的发病率。相反，脉动频率过低将延长每个循环中的吮吸节拍所占的时间,易使乳头充血,同样能诱发乳房炎。脉动比率过快或过慢也会诱发乳房疾病。

(三)过吸现象

由于乳房的4个乳区的产奶量和排乳速度不一样,挤奶时很容易造成过吸现象,即乳房内或某个乳区内的牛奶已经排空,而乳头杯没有及时取下还在吸奶。轻度过吸一般不会引起乳房炎,但反复长时间过吸,会使乳头内组织和括约肌受损,往往会引起乳房炎。采用自动脱落装置可有效地防止过吸现象。

(四)乳头杯内套老化

乳头杯内套是与奶牛的乳房直接接触的部件,其质量优劣直接影响其使用寿命并影响挤奶质量、乳头保护和牛奶卫生。内套使用时间过长会使张开较慢或不完全、搏动变弱,真空条件下奶杯中的牛奶没有倒净或挤奶过度,这些都会促使乳头表皮角质化,其症状是乳头括约肌外包被光滑或粗糙的角蛋白。表皮角质化的乳区,牛奶中的体细胞数量较高,隐性乳房炎感染率也明显提高。此外,乳头杯内套老化也会导致杯内套滑落。挤奶过程中乳头杯突然滑落,会使牛奶从乳头末端高速回流到乳头管中,这样很容易将外界的细菌携带入乳头内引发乳房感染。

思考题

1. 挤奶机的类型有哪些?各自的适用条件是什么?
2. 挤奶厅划分为几个功能区?各区有哪些主要设备?
3. 机械挤奶中哪些环节会损害奶牛乳房健康?

第五章 挤奶方法与挤奶技术

挤奶是奶牛生产的重要工作环节。熟练的挤奶技术和科学的操作程序可提高母牛产奶量,促进母牛乳房健康,提高牛奶的质量。挤奶技术是挤奶员必须具备的。

一、挤奶原理

按摩或犊牛吸吮乳房时,母牛乳头和乳房皮肤的神经受到刺激,传至神经中枢,导致垂体后叶释放催产素,经血液循环到达乳腺,从而引起乳腺泡的肌上皮细胞收缩,与此同时来自大脑的神经冲动使大的乳导管和乳池周围的平滑肌松弛,使乳腺泡腔内和末梢导管内贮存的乳汁受挤压而排出,迅速进入乳池,此过程称排乳反射。从乳房受到刺激开始到乳腺系统压力升高达到最大(60 毫米汞柱)需 45 ~ 60 秒的时间。在排乳反射过程中,乳头括约肌松弛,以便乳的排出(图 5-1)。

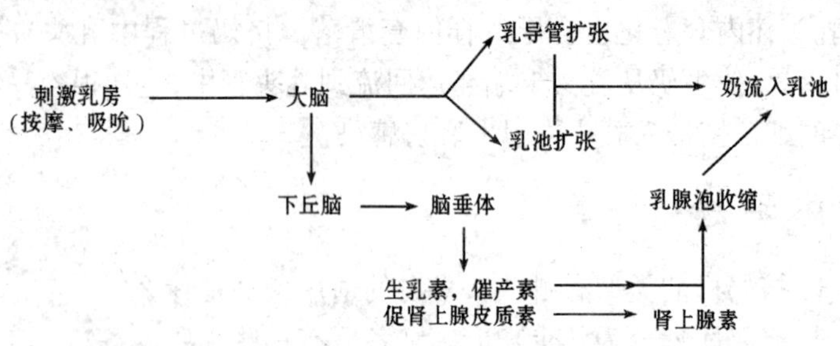

图 5-1 奶牛的排乳反射示意

排乳反射对挤奶是非常重要的。奶牛在两次挤奶之间分泌的乳,大部分贮存于乳腺泡及导管系统内,小部分贮存于乳池中,只靠挤奶操作的物理机械作用(外界对乳头的压力和乳房内外的压力差),只能挤出乳池中及一小部分导管系统中的奶,而大部分贮存于乳腺泡及导管系统中的奶不能被挤出,只有靠排乳反射才能挤出乳房内大部分(或全部)的奶。

引起排乳反射的刺激包括对乳房和乳头的按摩刺激和挤奶的环境条件等。排乳反射只能维持很短的时间,一般不超过5~7分钟。因而,在挤奶时一定要按操作规程进行,并迅速将奶挤净。

奶牛的排乳反射在生产上称为放乳。在放乳过程中,如果奶牛受到不良的外界刺激,引起儿茶酚胺分泌增加,肾上腺素和去甲肾上腺素分泌加强,导致乳腺导管系统和血管平滑肌细胞张力增大,血管收缩,减少乳房血液来源,使到达乳腺泡肌上皮细胞的催产素减少,并直接阻止催产素与肌上皮细胞结合,使乳房处于缺乏足够催产素的状态下,排乳反射受到抑制或停止。干扰如果发生在排乳反射之前,也可能产生妨碍垂体后叶释放催产素的作用。由此可见,在挤奶过程中保持环境的安静,避免挤奶母牛受到外界的不良刺激,对于保持良好的排乳反射,顺利挤奶是非常重要的。挤奶人员更不要人为制造应激因素,如操作粗鲁,甚至恐吓、打骂奶牛,否则不但会使奶牛的排乳反射停止,甚至还会使奶牛形成不良的条件反射,给以后的挤奶造成困难。

二、手工挤奶

挤奶可分为手工挤奶和机械挤奶两种方式。手工挤奶是通过挤奶员手工操作形成的压力使乳房中的奶排出体外。机械挤奶是通过挤奶机械所产生的真空形成的负压将奶从乳房中吸出。

(一)手工挤奶的基本方法

手工挤奶有两种方法,即拳握法和滑榨法。

1. 拳握法 先用拇指与食指握紧乳头上端基部,使乳头乳池中的奶不能向上回流,然后中指、无名指和小指顺序依次握紧乳头,使乳头乳池中的奶在手掌和手指形成的压力下由乳头管排出。此法适用于乳头较长的奶牛,见图 5-2。

2. 滑榨法 先用拇指、食指和中指捏紧乳头上端基部,然后向下滑动,使乳头乳池中的奶在手指形成的压力下由乳头管排出。此法适用于乳头较短的奶牛,见图 5-3。

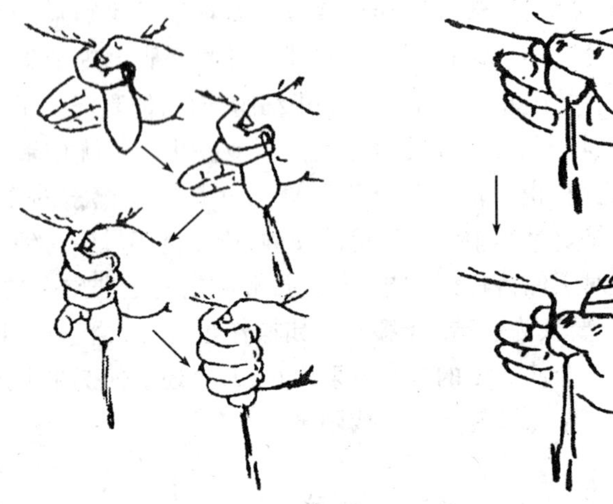

图 5-2 拳握法挤奶示意　　**图 5-3 滑榨法挤奶示意**

滑榨法易对乳头皮肤造成伤害,因而如果乳头长度允许应尽量采用拳握法挤奶。

(二)手工挤奶的程序

第一,挤奶前认真打扫牛舍(注意防止空气中的尘埃),清洁母牛后躯，以尽量减少环境中和牛体上的灰尘污染牛奶。

第二，认真清洗奶桶等挤奶、盛奶容器和用具。准备好过滤纱布、洗乳房用的水桶、毛巾、小凳、秤、记录本等物品。

第三，挤奶员穿上干净的胶靴和工作服，戴上工作帽（女性挤奶员要将头发塞进工作帽内）和套袖，剪短磨光指甲，用肥皂水（或消毒液）仔细清洗手臂。不能佩戴任何首饰和装饰物。

第四，观察并触摸乳房，检测是否有红、肿、热、痛症状或外伤。将第一、第二把奶挤于专用容器内，仔细检查其形态，如果发现异常，将此头牛留下最后再挤。

第五，用40℃～45℃清洁温水将毛巾浸湿，挤奶员站在牛右侧用带水毛巾先洗乳头，再洗乳房，然后从牛后侧擦洗乳镜和乳房两侧。最后用纸巾擦干乳房。毛巾和纸应每牛专用。必要时进行乳房按摩。乳房膨胀，皮肤表面血管扩张，皮温升高是开始排乳的象征。挤奶前用0.3%～0.5%洗必泰溶液药浴乳头，保持20～30秒后用一次性纸巾擦干。

第六，挤奶员用矮凳坐于奶牛左侧中后部，面对乳房，用双腿夹住奶桶，双臂向左右张开，左右手各握住1个乳头，双手交替用力，以每分钟80～120次的频率，按快—慢—快的节奏进行挤奶。中途不得停顿，在5～7分钟内挤完（图5-4）。

图5-4　手工挤奶的姿势

第七，挤奶顺序为：先挤前乳区，待前乳区快挤完时再挤后乳区，当后乳区快挤完时再挤前乳区，然后再挤后乳区，直至挤净。

第八，挤完后用药浴杯采用专

用药浴液对乳头进行药浴,停留3~5秒。

第九,对挤出的牛奶准确称重记录,用专用滤网或4层纱布过滤,倒入大奶桶中,经冷却后低温保存。

第十,对所有挤奶用具认真清洗消毒,置于清洁干燥处保存。

(三)手工挤奶的特点与适用条件

手工挤奶的劳动效率低,挤奶员劳动强度大,对于中等产奶量的奶牛,每名挤奶员最多只能负责不超过20头牛的挤奶操作。由于手工挤奶是将奶挤到奶桶中,直接暴露于牛舍的外界环境下,饲料、灰尘甚至牛的粪尿很容易混入奶中。挤奶员的手直接与牛奶接触,特别容易对牛奶造成污染,因此用手工挤奶生产的牛奶细菌数较高。但手工挤奶也有优点,可直接观察挤出乳汁的形态,容易发现乳房的异常情况。另外,手工挤奶比较灵活,可根据乳房的具体情况进行挤奶操作,能有针对性地对乳房进行照顾。因此,即使在广泛使用机械挤奶的今天,手工挤奶仍有其利用价值。母牛产犊后1周以内乳房水肿严重,必须采用手工挤奶。当母牛患乳房炎时也必须采用手工挤奶。因此,作为一名奶牛挤奶员必须熟练掌握手工挤奶技术。在广大牧区和农区的个体奶牛养殖户中,目前仍广泛采用手工挤奶。

三、机械挤奶

(一)机械挤奶操作程序

第一,采用挤奶机械的类型不同挤奶的地点和环境也不同。固定式挤奶设备一般安装于专用的挤奶厅内,管道式和移动式挤奶设备一般安装于牛舍内。采用固定式挤奶设备的牛场在挤奶前要认真清洗挤奶厅,并将待挤的奶牛通过牛只走廊引导到挤奶厅外面的待挤厅内。采用管道式和移动式挤奶设备的牛场在挤奶前要仔细清扫牛舍(注意防止空气中的尘埃)。

第二,启动挤奶设备,对挤奶设备和贮奶设备进行认真的清洗,认真检查、调整挤奶设备(重点是真空压力和脉动频率)使之运行状态正常平稳。

第三,清洁母牛后躯,尽量减少环境中和牛体上的灰尘污染牛奶。

第四,挤奶员穿上干净的胶靴和工作服,戴上工作帽(女性挤奶员要将头发塞进工作帽内)和套袖,剪短磨光指甲,用肥皂水(或消毒液)仔细清洗手臂。不能佩戴任何首饰等装饰物。

第五,将待挤牛放入挤奶厅,进入挤奶栏位,赶牛时要缓慢、温和,尽量减少对奶牛的刺激。

第六,观察并触摸乳房,检测是否有红、肿、热、痛症状或外伤。将前三把奶挤于专用容器内,仔细检查其形态,如果发现异常,将此头牛剔除,改用手工挤奶。

第七,清洗或淋洗乳房和乳头,采用适当的消毒液对乳头进行药浴,保持20~30秒后用一次性纸巾擦干。方法同手工挤奶(图5-5)。

图5-5　奶牛挤奶前的准备

第八，将乳头杯按照前后乳区的区别分别套在奶牛乳头上，打开真空气阀，开始挤奶。套杯方法：一只手平托乳头杯组，另一只手打开真空，从最远的乳头开始以"S"形套杯，尽量减少空气进入系统。从开始刺激乳头到套杯最多不应超过60秒(图5-6)。

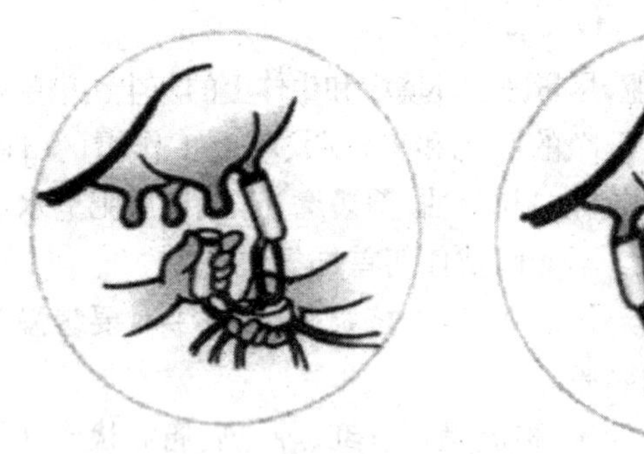

图5-6　套杯操作示意

第九，在挤奶过程中注意观察集乳器的位置和奶流情况，及时纠正乳头杯的上爬现象和异常脱杯。

第十，当奶流由大变小、最终接近无奶时关闭真空气阀，让空气进入乳头和乳头杯之间的空间，然后轻轻卸下乳头杯，要严格避免空挤(图5-7)。

第十一，立即用消毒液药浴乳头，将乳头全部浸入药液停留3~5秒(图5-8)。

第十二，全部奶牛挤完奶后对挤奶机械和管道清洗消毒。

第十三，彻底清洗挤奶厅。

(二)挤奶设备的清洗与消毒

挤奶前使用清水冲洗挤奶设备。挤完奶后立即用清洁的温水(38℃~43℃)清洗，清洗用水只能在系统中循环1次，然后排出。反复清洗直至水清为止。用温水清洗完毕后立即用pH为11.5的

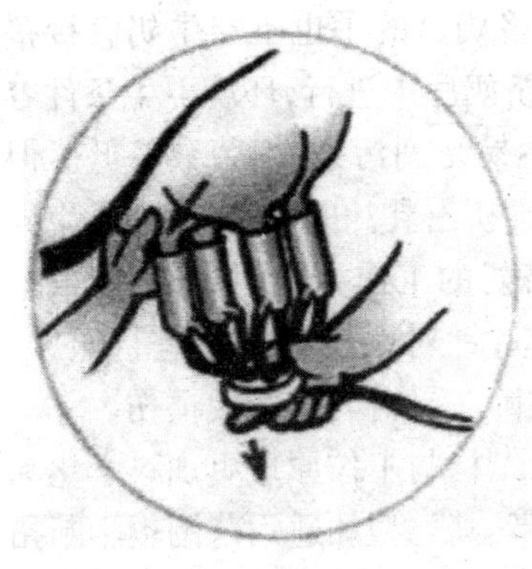

图 5-7　取下挤奶器的方法示意

图 5-8　乳头药浴示意

碱洗液清洗，循环清洗 6～10 分钟，开始温度 70℃～75℃，循环后水温不能低于 48℃。碱洗后用温水冲洗 5 分钟。当连续 2 个挤奶班次按上述程序清洗后，下一班次的清洗将碱液改成酸液，按上述程序冲洗，并继续按 2 班碱洗 1 班酸洗的频率交替进行。酸洗液 pH 控制在 3～3.5。

（三）其他设备的清洗与消毒

贮奶罐和奶罐车每次用完后彻底清洗、消毒 1 遍。先用温水（35℃～43℃）清洗，再用热碱水消毒，最后用清水冲洗干净。

奶泵、奶管、阀门每次用后用清水冲刷 1 次，每周 2 次通刷、清洗。

每周拆洗脉动器、集乳器、输乳管道至少 1 次，凡接触牛奶的部件先用温水冲洗，再浸泡于 0.5% 的碱水中刷洗，最后用清水冲洗，晾干后备用。

（四）机械挤奶的特点与适用条件

机械挤奶效率高，挤奶员劳动强度低。由于机械挤奶时挤出的牛奶始终在密闭的管道中流动，挤奶员的手也不与牛奶直接接触，而且大部分机械挤奶在专门的挤奶厅中进行，环境卫生条件容易控制，远远好于牛舍，因此牛奶不易受到污染，细菌数较低。但机械挤奶也有缺点，如不能直接观察挤出乳汁的形态，乳房发生异常情况时不易及时发现等。机械挤奶的工作方式固定，不能根据乳房的具体情况灵活调整工作状态，针对性地对乳房进行照顾。特别是当机器质量差或机器发生故障时易对乳房造成损伤。

近年来，挤奶机械的发展很快，结构与工作原理更加科学化和仿生化，制造质量和材料也不断提高，其类型和适用范围也不断拓展，更加注重对奶牛乳房的保护和人员操作的方便，如脉动频率和真空度可随奶流大小的变化而自动进行动态调节和自动脱杯的挤奶系统，适用于小型奶牛场和奶牛养殖户的移动式单体挤奶机械等。因此只要条件允许，应尽量采用机械挤奶。

(五)影响机械挤奶的乳房因素

1. 乳头位置和乳头形状 机械挤奶时须将乳头杯套在奶牛的乳头上，因此乳头的位置、乳头的大小与形状均对机械挤奶有很大影响。从机械挤奶的角度考虑，4 个乳头之间的相互距离以 8 ~ 12 厘米之间为最理想，如果 4 个乳头距离太近，挤奶时套杯就很困难。发育正常的乳房其乳头距地面的距离为 40 ~ 45 厘米，如果乳头距离地面太近(这种情况往往发生于悬垂乳房上)，不但套杯困难，而且必然会使乳头弯曲变形，导致乳头管排乳受阻。当乳头不与地面垂直而是向前或向外伸展时，由于乳头杯重力的作用，也会使乳头弯曲，乳头管排乳受阻。从机械挤奶的角度考虑，理想的乳头长度应在 7 ~ 9 厘米，直径应在 2 ~ 3 厘米，过长和过短、过粗与过细将影响挤奶时的套杯。

2. 乳区的匀称性 4 个乳区发育匀称的乳房每个乳区的产奶量相同，机械挤奶时可同时挤完，不但操作方便，也不会对乳房造成损伤。但现实中后乳区的发育往往优于前乳区。在奶牛育种和奶牛生产中用前乳房指数(即前乳区的产奶量占全部乳区产奶量的百分比)来描述前、后乳区的相对发育情况。从机械挤奶的角度考虑,前乳房指数大于45%最为理想,低于40%为不良。

3. 排乳速度 奶牛的排乳速度即乳房的放乳速度,指单位时间内能够从乳房挤出的奶量。排乳速度快的奶牛所需挤奶时间短,可以提高挤奶操作的效率,节省时间和能耗。影响奶牛排乳速度的因素有2个方面:其一是奶牛排乳反射的特点。其二是乳头管的结构,包括乳头管的直径和乳头括约肌的松紧程度。乳头管的直径决定排乳的最高速度,直径越大排乳速度越快。乳头括约肌的松弛程度对排乳速度起调节作用,乳头括约肌松弛的牛排乳速度快。排乳速度快的牛3~5分钟就可完成挤奶,每分钟可挤奶2~2.5千克。

四、挤奶的注意事项

挤奶时应注意如下事项:①挤奶人员必须身体健康,定期体检。搞好个人卫生,工作服要干净,手要洗净,剪好指甲,以免对牛奶造成污染,对乳房造成损伤。②挤奶要定时、定人、定环境,即挤奶人员固定,挤奶时间固定,挤奶地点固定,使母牛形成良好的条件反射。挤奶环境要安静,操作要温和,以免影响排乳反射。③挤奶环境要清洁,挤奶前牛体特别是后躯要清洁,以免对奶造成污染。④挤奶时前三把奶中含细菌较多,应弃去不要。这三把奶应挤在专用的器具中,绝对不能挤在地上,以免污染环境。⑤清洗乳房后,一定要充分晾干后再进入挤奶程序,否则水中的微生物很容易进入奶中。挤奶前药浴后必须将乳头和乳房彻底抹干,避免药液残留在牛奶中。⑥从接触母牛乳房(清洗乳房或挤前三把奶)到开始正式挤奶之间的时间间隔应严格控制在45~60秒钟,这是刺激乳房形成有效排乳反射所需要的时间。⑦套杯时要防止空气进入挤奶系统。奶杯套上后，要注意调整奶杯的位置，使各奶杯均匀分布，略向前向下倾斜。奶杯不能套得太深也不能太浅，太浅时，挤奶杯容易滑落而引发乳房炎。太深时，奶杯会向乳头基部爬升，乳腺乳池和乳头乳池间的嫩肉被吸下，使乳头管的通道堵塞，很容易引发乳房炎。⑧由于排乳反射所维持的时间很短，所以在形成排乳反射后应立即挤奶，中途不能停顿，加快挤奶速度，在排乳反射结束之前将奶挤完，这一点在手工挤奶时尤为重要。⑨由于奶牛的泌乳量与乳房内压呈反比，每次残存于乳房内的乳汁中细菌较多，因此每次挤奶要力图挤净，不但可提高产奶量，还可降低乳房炎的发病率。⑩在机械挤奶时应时刻保持系统真空度和脉动频率的平稳，以免对奶牛乳房造成损伤。⑪机械挤奶时要密切注意集乳器中的奶流情况，及时脱杯，严格避免空挤。必须先关掉真空，然后再脱杯，切不可在断开真空前强行取下乳头杯。⑫挤奶时要密切注意乳房情况，及时发现乳房和乳的异常。⑬挤奶机械应保持良好的工作状态，管道及盛奶器具应认真清洗消毒。⑭挤完奶 15～20 分钟后乳头括约肌才能完全闭合，这段时间内要尽量避免奶牛躺卧。⑮对于病牛、使用抗生素治疗的牛、患乳房炎牛的奶，初乳和末乳不能与正常奶混合，不能作为商品奶出售。

五、挤奶管理

（一）挤奶频率

提高挤奶频率（即增加每日的挤奶次数）会降低乳房内压，刺激与泌乳有关激素的分泌，降低牛奶成分对乳腺细胞合成乳成分的负反馈作用。因此提高挤奶频率会提高产奶量。一般情况下，由每日 1 次挤奶变为 2 次挤奶产奶量可提高 40%；由每日 2 次挤奶变为 3 次挤奶产奶量可提高 10%～20%；由每日 3 次挤奶变为 4 次挤奶产奶量可提高 5%～10%。但增加挤奶次数在提高产奶量的同时也增加了挤奶的成本，如人工成本，能耗成本，乳头药浴和设备清洗成本、设备维护成本等，因此，对于高产奶牛可采用每日 3 次的挤奶频率，当奶牛的产奶量低于 20 千克/日时，每日 2 次挤奶已足够，再增加挤奶次数所获得的多余奶量已不足以抵消由此提高的挤奶成本。

（二）挤奶时间

挤奶时间即每日 2 次或 3 次挤奶的时间安排或时间间隔。无论每天挤奶 2 次还是挤奶 3 次，都应尽量使每两次（或三次）挤奶间隔均等，这样有利于产奶量和乳脂率的提高。平均分配每次挤奶的间隔时间对于每天挤奶两次来说不存在很大困难，但对于每天挤奶 3 次来说，就不太容易实现。人习惯于夜伏昼行，如果每天 3 次挤奶，每次挤奶时间持续 2 小时，假定晚上 8:00 挤奶，10:00 结束，那么下一次的挤奶时间应该在第二天早上 4:00，这对于挤奶工人来说是非常辛苦的。因此，应根据牛场的实际情况科学安排挤奶时间。

（三）围产期挤奶

围产期挤奶实际上指的是围产后期的挤奶，即奶牛产犊后 1～2 周内的挤奶。奶牛在临产前乳腺已开始分泌活动，乳房水肿明显，产犊后渐渐消退。此阶段患乳房炎的几率较高，因此在产犊后的 1～2 周内应采用手工挤奶方式，并在挤奶过程中对乳房进行必要的热敷与按摩，以促进产后母牛乳房恢复，防止乳房炎的发生。待奶牛乳房完全恢复后再采用机械挤奶。母牛产犊后的 3～5 天内消化功能很弱，食欲差，采食量低，应控制挤奶，即每天不能将乳房中的奶全部挤出，否则会因由奶中迅速排出大量的钙而诱发产后瘫痪。一般产犊当天只挤出够犊牛饮用的奶量即可,第二天可挤出乳房内奶量的1/3至1/2,第三天挤出1/2至2/3,第四天挤出2/3或全部,第五天可全部挤完。控制挤奶的程度应根据奶牛体况和泌乳量灵活掌握。

个别奶牛在临产前乳房水肿特别严重,甚至出现滴奶现象,即乳房内的奶未经挤压自行流出,对于这种奶牛有的牛场迫不得已开始挤奶。在围产期奶牛的饲养管理中应尽量避免此类情况的发生,因为产前挤奶使新生犊牛不能吃到真正意义上的初乳(第一次挤出的奶),这对犊牛的健康极为不利。预防措施是降低临产母牛的日粮营养水平,不饲喂可刺激产奶的饲料,也不要按摩乳房。

(四)干奶方法

母牛妊娠的最后2个月采用人为方法使母牛停止泌乳,即称为干奶。

干奶方法有两种,一种是在预定的干奶日期完全停止挤奶,另一种方法是在预定的干奶日期之前采取措施使牛的日产奶量降低,达到一定程度后停止挤奶。这些措施包括变更饲料和牛的作息时间,减少精料喂量,不喂刺激产奶的饲料,甚至可以限制饮水。前一种方法适用于中低产奶牛,即在干奶日期到来之时日泌乳量已经降到较低的水平;后一种干奶方式适用于高产奶牛,即在预定干奶时间到来之时日泌乳量仍然较高,需逐步降低后干奶。

干奶前的最后一次挤奶应非常彻底,挤奶后向乳头内注入长效抗生素制剂,然后用消毒液对乳头消毒,最后用火棉胶将乳头封住,防止细菌由此侵入乳房引起乳房炎。

在停止挤奶后的3～4天内应密切注意干奶牛的乳房情况。在停止挤奶后,母牛的泌乳活动并未完全停止,因此乳房内还会聚集一定量的乳汁,使乳房出现肿胀现象,此时千万不要按摩乳房或挤奶,几天后乳房内乳汁会自然吸收,肿胀萎缩,干奶即告成功。

但如果乳房肿胀不消且变硬、发红、有痛感或出现滴奶现象，说明干奶失败，应把奶挤出，重新实施干奶措施。

近1/5的乳房感染发生于干奶期开始的1～2周内。因此，干奶后的头10～14天要密切观察母牛是否有乳房炎症状。

六、鲜奶的初步处理、暂存与运输

奶牛场生产的鲜奶一般要运往乳品厂加工后才能出售。奶在挤出过程中往往会混入许多杂质并受到细菌的污染。刚挤出的奶温度较高，适于细菌的生长繁殖。由于种种原因，牛奶由奶牛场到乳品厂的运输不能随时进行。因而，奶牛场生产出的牛奶必须首先进行过滤和冷却等初步处理，并在运输前暂时贮存一段时间。

鲜奶的初步处理一般在挤奶后立即进行，操作地点和贮存地点均在牛奶贮存间。牛奶贮存间一般与挤奶厅(挤奶厅集中挤奶)或挤奶机房(管道式挤奶)建在一起。有的牛场挤奶与奶的初步处理及保存均由挤奶员负责，有的牛场由专门的人员负责。但无论怎样，奶的初步处理和保存与挤奶员的工作密切相关，因此作为一名奶牛挤奶员应掌握鲜奶初步处理和保存的相关知识和操作程序。

(一)鲜奶的初步处理

1. 鲜奶的过滤 牛奶在挤出后不免要落入一定数量的尘埃、牛毛、饲料、粪屑及上皮细胞等，这些杂物的混入不仅使牛奶外观不洁，并且带入相应数量的微生物，从而加速牛奶的变质。因此，在鲜奶挤出后首先要过滤，除去杂质。

挤奶厅和管道式机械挤奶设备挤出的鲜奶直接通过管道进入贮奶装置，不与外界环境直接接触，因而受到杂质污染的情况比较少，不需要专门的过滤工序，鲜奶在进入贮奶罐前通过过滤筛网过滤。在手工挤奶的牛舍,挤出的鲜奶受杂质污染的可能性大,必须经过严格的过滤。在挤奶时,将4层纱布扎在大奶桶的桶口上,将挤出的奶由小桶倒入大奶桶的同时进行过滤。过滤用的纱布要清洁,一个过滤面所过滤的奶量不能太大,在过滤一定的奶量后要清洗纱布,除去过滤出的杂质,否则过滤效果会降低,过滤速度会减慢。纱布经过反复使用后应更换。在将大奶桶中的奶转移至贮奶罐中时也要通过专门的过滤网或过滤筛过滤。

2. 鲜奶的冷却 牛奶在挤出时已经被微生物污染,这是由于在两次挤奶之间微生物可以通过乳头管进入乳房的缘故。牛奶被挤出后也会受到微生物的污染,挤奶的器具、输送鲜奶的管道、空气等都是污染源。牛奶是细菌最好的培养基,尤其刚挤出的牛奶,温度在37℃左右,最适合微生物生长繁殖,不同温度条件下贮存牛奶的细菌数见表5-1。因此,必须迅速将牛奶冷却到4℃~5℃。

表5-1 不同温度条件下贮存牛奶的细菌数

保存温度(℃)	保存12小时后奶中细菌数(万个/厘米^3)	鲜奶保存温度(℃)	保存12小时后奶中细菌数(万个/厘米^3)
4.4	0.4	15.5	45.3
8.8	0.9	21.1	880
9.0	1.8	26.6	5530
12.8	3.8		

鲜奶的冷却有水池冷却、冷排冷却、热交换器冷却等方法。

(1)水池冷却 水池冷却是最简易的冷却方法,是将装有鲜奶的奶桶置于水池中,在池中通入冷水或冰水进行冷却。水池冷却时奶桶应为导热性较高的材料制成,冷却用水的温度应在10℃以下,水池中的水量应为奶量的4~5倍,并及时更换,否则不能达到冷却效果。冷却过程中应不时搅拌牛奶,使桶内牛奶冷却均匀。此法冷却速度慢,耗水量大,效率低,只适于小型奶牛场和个体养殖户使用。

(2)冷排冷却　冷排是由金属排管组成的表面冷却器,内通冷却剂,与制冷机组相连,使排管表面降温,牛奶自上而下经排管表面流下,使牛奶降温。冷排冷却效率高,构造简单,价格低廉,使用方便。但冷排冷却时牛奶暴露于空气中,容易受到污染。

(3)热交换器冷却　热交换器的工作原理与冷排相似,结构较冷排复杂,有不同的形式,冷却效率更高,且一般采用密封的方式,使牛奶与空气隔绝,可有效避免牛奶受到污染。

(4)直冷式贮奶罐　直冷式贮奶罐实际上是将制冷机组、板式热交换器、贮奶罐组合起来的专用贮奶系统。牛奶被挤出后经管道等方式输送到系统的板式热交换器降温至2℃~4℃,然后进入贮奶罐。贮奶罐是由食品级不锈钢制成的保温绝热性能良好的贮奶容器,内有搅拌和控温装置,使牛奶在贮存过程中保持温度恒定均匀,稀奶油不上浮。直冷式贮奶罐是目前鲜奶冷却、贮存的最理想设备,应用越来越普遍。

(二)鲜奶的暂存

冷却并不能将奶中的微生物杀死,只是暂时抑制其生长繁殖,如果牛奶温度回升,仍会开始快速繁殖,因而冷却后的鲜奶仍须在4℃~5℃下贮存。其方法有如下4种。

第一,水池冷却时将奶桶一直贮存于冷却水池中,并通过更换冷却水将奶温控制在较低范围内,直至将奶运出。

第二,冷排冷却时将冷排降温的奶贮存于放在冷库中的普通贮奶罐中,控制奶温保持在4℃~5℃。

第三,将牛奶贮存于直冷式贮奶罐中,控制奶温保持在4℃~5℃。

第四,如果奶牛养殖头数不多,可将奶桶贮存于经过改造的冰柜中,温度控制在4℃~5℃。经过改造的冰柜既可作为贮奶设备,又可作为牛奶的降温设备。这种方法的局限是冰柜体积有限。

无论采用何种贮存方式,贮存的时间应尽量缩短,一般不能超过 48 小时,最好在 24 小时之内将奶运出。贮奶容器必须在每次贮奶前、后认真清洗消毒。

(三)鲜奶的运输

奶牛场生产的鲜奶往往需要运至乳品厂进行加工。如果运输不当,会导致鲜奶变质,造成重大损失。鲜奶运输中应注意以下 4 项。

第一,防止鲜奶在运输中温度升高,尤其是在夏季运输,最好选择在早晚或夜间进行。运输工具最好用专用的奶罐车。如用奶桶运输,应用隔热材料遮盖。

第二,盛奶容器必须装满盖严,以防止在运输过程中因振荡而升温或溅出。

第三,尽量缩短运输时间,严禁中途停留。

第四,运输容器要严格消毒,避免在运输过程中受到污染。

思 考 题

1. 详述手工挤奶和机械挤奶的操作程序。
2. 影响机械挤奶的乳房因素有哪些?
3. 如何进行鲜奶的初步处理?

第六章　牛奶的质量控制

一、牛奶质量的表示方法与牛奶收购标准

牛奶的质量指标分为营养质量指标和卫生质量指标两类。

(一)牛奶的营养质量指标

牛奶的营养质量指标主要是营养物质的含量,包括乳脂率、乳蛋白率、乳糖率等,其中前二者最为重要。

1. 乳脂率　乳脂是指牛奶中所含的脂肪,是牛奶的重要组成成分和能量来源,也是牛奶风味的主要来源,乳脂含量高的牛奶口感好。乳脂率是指牛奶中所含脂肪的百分率。中国荷斯坦牛乳脂率平均为3.5%,变化范围为2.8%～4.5%。牛奶的脂肪含量在整个泌乳期中有很大变化,一般情况下与产奶量成负相关,即泌乳量高时乳脂率低,泌乳量低时乳脂率高。在每天的3次挤奶中,早晨挤出的奶乳脂率低,晚上挤出的奶乳脂率高。在每次挤奶时,先挤出的奶乳脂率低,后挤出的奶乳脂率高。乳脂的比重较小,放置一段时间后牛奶中的乳脂会上浮。因此,在测定牛奶的乳脂率时采样的正确与否对测定结果影响很大。

由于乳脂是牛奶的重要组成成分,且不同奶牛所产的奶之间乳脂率差异很大,而只用产奶量来比较奶牛的产奶性能就不能完全客观地反映奶牛的实际生产性能,因而有时将不同奶牛所产的奶都校正为同一乳脂率的产奶量,以便于不同奶牛生产性能之间的比较。过去常将不同乳脂率的奶校正为乳脂率为4%的奶,称为乳脂校正奶或标准奶,目前倾向于采用3.5%这一数值,因为在

实际生产中3.5%的乳脂率是大多数荷斯坦奶牛的正常乳脂率。

2. 乳蛋白率 乳蛋白率是指牛奶中所含蛋白的百分率。乳蛋白是牛奶的重要组成部分,是牛奶营养物质的核心。过去,在评价牛奶质量时只强调乳脂而忽略乳蛋白,随着生活水平的提高和对健康的关注,人们对乳蛋白的关注逐渐胜过乳脂。中国荷斯坦牛乳蛋白率平均3.1%,变化范围为2.4%~3.5%。

3. 其他指标 乳糖是牛奶中特有的糖,乳糖率是指牛奶中乳糖的百分率。乳糖也是牛奶重要的能量来源。中国荷斯坦牛的乳糖含量为4%左右,变异不大,人们对牛奶的乳糖含量关注程度较低,不是一个很重要的指标。牛奶中的矿物质含量约为0.7%,且含量基本稳定,不是人们关注的重点。

牛奶中的干物质是乳脂、乳蛋白、乳糖和矿物质含量的总和,非脂固体是除去乳脂后的干物质含量。

(二)牛奶的卫生质量指标

营养指标关注的是牛奶的营养价值,卫生指标关注的是牛奶对人体的安全性。营养指标主要受奶牛的遗传特性和饲料的影响,而卫生指标主要受饲养管理和环境等人为因素的影响。从某种意义来说,卫生指标比营养指标更重要。

1. 细菌数 牛奶的细菌数指每毫升牛奶中所含细菌的个数,越多则质量越差。细菌数较高的牛奶不易保存,容易变质,加工性能差,乳品加工企业一般根据不同的细菌含量决定牛奶的加工方式和产品的类型。如细菌数最低的牛奶可作为加工酸奶的原料;细菌数过高的牛奶只能用来加工奶粉。牛奶细菌数的高低主要受奶牛饲养环境、挤奶卫生等因素的影响。

2. 体细胞数 体细胞数指牛奶中的各种白细胞、免疫细胞和脱落的乳腺上皮分泌细胞,其中多数是白细胞(即巨噬细胞,嗜中性白细胞和淋巴细胞),占牛奶中体细胞数的98%~99%。在正常情况下这些细胞数量很少，一般第一胎小于15万个/毫升，第二胎小于25万个/毫升，第三胎小于30万个/毫升。当乳房受到感染时，炎症反应引起白细胞和免疫细胞向感染部位聚集，被病原菌破坏的乳腺上皮分泌细胞脱落加速，这些进入乳腺泡腔的细胞使乳汁中的体细胞数增加。由于牛奶中的体细胞数与乳腺被感染的程度有关，因此可以根据乳汁中的体细胞数判断牛群中隐性乳房炎的发病率。一般当乳汁中的体细胞数超过50万个/毫升时，则说明乳房已发生炎症。体细胞数高的牛奶里面会有一些残留的致病菌对人体产生不利影响。另外，体细胞数升高会对牛奶的营养成分产生一定的影响。随着体细胞数的升高牛奶中蛋白酶和脂解酶含量上升，清蛋白含量升高，酪蛋白含量降低，乳制品的货架期缩短，乳制品的风味发生改变。因此，目前奶业比较发达的国家均将体细胞数作为评价奶牛乳房健康状况和牛奶质量的重要指标。我国一些奶业发达地区也对牛奶的体细胞数进行检测。

3. 其他卫生学指标　与肉类和禽蛋相比，牛奶这种畜产品比较特殊。奶是乳腺上皮细胞摄取血液中的营养物质而合成的，因而血液内的物质很容易进入奶中。而饲料消化的终产物被吸收后直接进入血液。换句话说，饲料中的有毒有害物质很容易残留在牛奶中，因此国家相关部门对奶牛饲料的要求远比其他畜禽饲料严格得多。在奶中经常出现的有毒有害物质主要有抗生素、黄曲霉毒素等饲料源毒素及农药残留等。

（三）牛奶收购标准

牛奶是人类的食品或食品原料。为了保护消费者的健康，维护消费者的利益，乳品加工厂在收购原料奶时必须严格执行质量标准，不符合标准的牛奶绝对不能收购，符合标准的按质论价。

我国对生鲜牛奶的具体收购标准如下（GB/T 6914—86 和 GB 19301—2003）：

生鲜牛奶系指从正常饲养的、无传染病和乳房炎的健康母牛乳房内挤出的常乳。无任何人为添加物质,且未从中提取任何物质。

色泽为白色或微黄色,不得有红色、绿色或其他异色。

具有牛奶固有的香味,不能有苦、咸、涩的滋味和饲料味、青贮味、霉味等其他异常气味。

呈均匀一致的胶态液体,无凝块,无沉淀,无肉眼可见异物。

在20℃/4℃时密度大于或等于1.028;脂肪含量大于或等于3.1%;乳蛋白含量大于或等于2.95%;非脂固体含量大于或等于8.1%。

酸度(以°T表示)小于或等于18;杂质含量小于或等于4毫克/千克;铅(Pb)含量小于或等于0.05毫克/千克;无机砷含量小于或等于0.05毫克/千克;黄曲霉毒素M1含量小于或等于0.5毫克/千克;六六六含量小于或等于0.02毫克/千克;滴滴涕含量小于或等于0.02毫克/千克。

细菌总数(平板计数法)每毫升小于或等于50万个为一级,小于或等于100万个为二级,小于或等于200万个为三级,小于或等于400万个为四级。致病菌(金黄色葡萄球菌,沙门氏菌,志贺氏菌)不得检出。

不得使用任何防腐剂。抗生素不得检出。

(四)收购牛奶时的检查项目与检查方法

挤奶是挤奶员的主要工作,牛奶的初步处理和暂存也与挤奶员的工作密切相关,有时甚至也是挤奶员工作的一部分。乳品加工厂在收购牛奶时需要对牛奶的质量进行必要的检查,了解这些检查项目和检查方法对提高挤奶员的工作质量,加强安全意识非常重要。

1. 检验程序 取样→检查奶样的颜色、气味、形态、杂质等感官指标→测定比重、干物质、乳脂、乳蛋白、乳糖等成分含量→测定酸度、细菌数、体细胞。

在上述检查过程中，如发现可疑现象，则对疑点做进一步有针对性的检查，如有无防腐剂、掺杂物、病牛奶、抗生素等。

2. 检测方法

(1)比重测定　将10℃～25℃的牛奶样品小心地注入容积为250毫升的量筒中，加到量筒容积的3/4，勿使其产生泡沫。用手拿住牛奶比重计上部，小心地将其沉入到奶中，放手让其自由浮动，但不能与筒壁接触。待静止1～2分钟后，读取度数。

(2)新鲜度测定

滴定酸度：取10毫升牛奶，置于250毫升三角瓶中，加入20毫升蒸馏水，再加入0.5毫升0.5%的酚酞乙醇溶液，小心摇匀，用0.1当量的氢氧化钠标准溶液滴至微红色，在1分钟内颜色不消失为止。所消耗的0.1当量的氢氧化钠标准溶液的毫升数乘以10，即得酸度(°T)。

酒精试验：于试管内用等量的酒精(根据收奶标准，采用的酒精浓度可为68%、70%或72%)与牛奶混合(一般用1～2毫升等量混合)，振摇后不出现絮片的牛奶为阴性(合格)，出现絮片的牛奶为酒精试验阳性奶，表示其酸度较高。

煮沸试验：取约10毫升牛奶，放入试管中，置于沸水浴中5分钟，取出观察管壁有无絮片出现或发生凝固现象。如产生絮片或发生凝固，表示牛奶已不新鲜，酸度大于26°T。

(3)乳脂肪、乳蛋白、乳糖等成分及细菌数、体细胞数的测定　采用专门的仪器进行测定。

(4)人为掺杂物的检验

淀粉的检出：取5毫升牛奶于试管中，稍稍煮沸，待冷却后，加入数滴碘液(碘的酒精溶液或0.2摩/升的碘液)，有淀粉存在时，则有蓝色或青蓝色沉淀物出现。

碱性物质的检出：于盛有5毫升牛奶的试管中加入5毫升玫瑰红酸液，用手指堵住管口，摇匀，奶中如无碱性物质则为黄色，有碱性物质时则呈玫瑰红色，其含量与颜色的深浅成正比。

豆浆的检出：取牛奶5毫升于试管中，加入乙醇与乙醚等量混合液3毫升，再加入25%氢氧化钠溶液2毫升，充分混匀。静置5~10分钟，观察颜色变化。如牛奶中掺有豆浆呈黄色，无豆浆颜色不变。

甲醛的检出：取奶样2毫升于试管中，加入0.5毫升三氯化铁盐酸溶液(配制方法：将30毫克三氯化铁溶解于100毫升比重为1.12的盐酸溶液中)。将试管在沸水中煮沸1分钟(此时牛奶凝固)，如果牛奶呈紫色则有甲醛存在。

(5)熟乳的检出　取5毫升牛奶于试管中，加0.2毫升1%的过氧化氢，摇匀，再加入0.2毫升2%的对苯二胺，摇匀。生乳或加热至78℃以下者呈青蓝色，加热至79℃~80℃者，0.5分钟后呈淡灰青色，加热至80℃以上者无颜色出现(低酸度酒精阳性乳经煮沸后阳性反应消失，因此个别人会利用此方法避免酒精阳性乳的检出)。

二、异常牛奶

在营养成分或化学组成及其含量、理化性质等方面与正常牛奶有较大差别的鲜奶为异常牛奶。导致牛奶异常的因素很多，包括奶牛自身生理与病理方面的原因，饲养管理条件方面的原因，环境污染，人为掺假等。

(一)生理异常奶

由于奶牛生理方面的原因所导致的牛奶异常。这里所说的生理方面的原因并不是指奶牛生理的异常，而是在某些特殊的正常生理情况下所产生的异常牛奶。生理异常奶包括初乳和末乳。

1. 初乳　产犊后 7 天内分泌的奶称为初乳。初乳色深黄而黏稠,有特殊的气味,干物质含量高,其中尤以蛋白质、脂肪、灰分、胡萝卜素和维生素 A 的含量高,而乳糖则较常乳低。与常乳相比,初乳有许多突出的特点,这些特点对新生犊牛具有非常重要的作用。由于母牛胎盘的特殊结构,母体血液中的免疫球蛋白不能在胎儿时期通过胎盘传给胎儿,因而新生犊牛无免疫能力。初乳中含有大量的免疫球蛋白,犊牛可通过吃初乳来获得免疫能力。新生犊牛皱胃不能分泌胃酸,因而进入消化道的细菌不能在真胃中被杀死,而初乳酸度较高,有杀菌作用。初乳中有溶菌酶和 K－抗原凝集素,也有杀菌作用。初乳中含有大量镁盐,镁盐具有轻泻作用,有利于犊牛胎便的排出。因此,及时足量的饲喂初乳,对新生犊牛的健康是非常重要的。尽管初乳营养丰富,对新生胎儿至关重要,但由于其特殊的理化特性(如加热后凝固等),并不适于作为原料奶进行加工,因此初乳不能作为鲜奶销售。初乳的组成见表 6-1。

表 6-1　初乳的组成与特性

产犊后天数	脂肪(%)	酪蛋白(%)	白蛋白+球蛋白(%)	乳糖(%)	比　重	酸度(乳酸%)	煮沸凝固与否
0	5.1	5.08	11.34	2.19	1.067	0.41	+
1	3.4	2.76	1.48	3.98	1.034	0.24	+
2	2.8	2.63	0.99	3.97	1.032	0.22	+
3	3.1	2.70	0.97	4.37	1.033	0.23	–
4	2.8	2.68	0.82	4.72	1.034	0.21	–
5	3.8	2.68	0.87	4.76	1.033	0.19	–
7	3.5	2.42	0.69	4.96	1.032	0.20	–

2. 末乳 奶牛停止泌乳前1周左右分泌的乳称末乳。与常乳相比其成分除脂肪外,均较常乳高。因钠和氯化物的含量高而有苦和微咸的味道;因脂解酶含量较多而常有油脂氧化味。此外,末乳中过氧化氢酶和细菌数升高,酸度降低。因而末乳不适于作为鲜奶饮用和作为乳制品的加工原料。

(二)化学异常奶

指奶成分或理化性质有不正常变化的奶,包括低成分奶、低酸度酒精阳性奶、冻结奶、风味异常奶等。

1. 低成分奶 指主要营养成分含量和干物质含量大大低于正常值的牛奶。低成分奶不同于人为掺假乳。造成低成分奶的因素比较复杂,有品种、遗传方面的因素,也有饲养管理方面的因素,如奶牛营养不良时,不仅产奶量低,而且非脂乳固体和蛋白质也会减少,甚至连受饲料影响较小的盐类和乳糖也会下降。与常乳相比,低成分奶只是其中的营养物质含量低,其理化特性改变不大,对人体也不会造成明显的伤害,因此不完全丧失利用价值。

奶牛场生产的牛奶成分含量降低时会影响销售价格,低于收购标准时则无法出售。

2. 低酸度酒精阳性奶 低酸度酒精阳性奶是指酸度在11°T~18°T的正常范围之内,但在做酒精试验时发生阳性反应(加等量70%酒精产生细小絮状沉淀)的奶。低酸度酒精阳性奶的蛋白质、乳糖、脂肪含量和正常牛奶没有明显差异,只是奶中盐类含量不正常,因此并未失去利用价值。但由于其热的稳定性发生改变,加热至120℃以上时容易发生凝固,在加工上受到一定的限制。因此有的乳品加工厂拒绝收购低酸度酒精阳性奶,而有些乳品加工厂低价收购低酸度酒精阳性奶,单独进行加工。

低酸度酒精阳性奶的产生机制目前还不完全清楚。目前认为低酸度酒精阳性奶的发生是一个极其复杂的临床表现,不仅与饲养管理、日粮组成有关，而且还与机体所处的生理与健康状态、外界环境（特别是气象因素）、应激等有直接或间接的关系。

3. 风味异常奶　正常牛奶带有特殊的香味。由于各种原因导致的带有异常风味的牛奶称风味异常奶。影响牛奶风味的因素很多，主要包括以下两个方面。

(1)*来自奶牛机体内部的因素*　如可以引起牛奶异常气味的饲料、牛奶中酶类的异常改变等。此类因素所导致的牛奶异味在牛奶挤出时就已存在，可以通过改善饲养管理来控制。

(2)*来自外部环境的因素*　如从空气中吸收而来的青贮味和牛体味、由盛奶容器引起的金属味等。此类因素所导致的牛奶异味是在牛奶挤后获得的，可以通过改善挤奶和贮奶的环境、避免牛奶与空气接触来控制。

（三）病理异常奶

指由各种病理原因引起的成分或性质异常的牛奶。这里所说的病理因素主要是细菌污染，因此又称为细菌污染奶。细菌污染奶中微生物大量繁殖，消耗奶中的营养物质，产生代谢产物和毒素，使牛奶的组成和理化特性发生严重改变，完全丧失利用价值。最常见的细菌污染奶是酸败奶和乳房炎奶。

1. 酸败奶　酸败是牛奶贮存过程中最容易发生的情况，其主要原因是：①挤奶卫生控制不够，引发牛奶被微生物污染。②牛奶贮存条件差，贮存温度过高或贮存时间过长。上述因素导致微生物（特别是乳酸菌、丙酸菌、大肠杆菌、小球菌等）在牛奶中大量快速繁殖，分解乳糖产生乳酸，使牛奶酸度升高，轻者加热凝固，重者自凝固，并产生严重的酸臭味，完全丧失利用价值。

2. 乳房炎奶　指患乳房炎牛所产的牛奶。由于病原菌在乳房内大量繁殖，对乳腺组织造成破坏，并引发机体的一系列炎症反应，使牛奶中含有大量异常物质，包括：引发乳房炎的病原菌（如溶血性链球菌、葡萄球菌、小球菌、芽胞菌、放线菌、大肠杆菌等)及其产生的毒素和代谢产物,脱落的乳腺细胞及其碎片,机体炎症反应的产物,某些血液成分等。乳房炎奶的乳清蛋白、钠、氯、过氧化氢酶、pH、体细胞数增加,脂肪、乳糖、钙、非脂固体、酸度降低,发生酒精凝固、热凝固等异常现象。这种牛奶因含有大量致病菌和毒素,人食用后可能被感染,并造成食物中毒。

3. 致病菌污染奶 有些人兽共患病可以通过病原菌污染的牛奶由患牛传染给人。这些病原菌主要包括布鲁氏菌、结核杆菌、沙门氏杆菌以及伯纳特立克次氏体(Q 热病原体)等。此外,有几种奶牛病如口蹄疫等也可以通过牛奶传播。含有这些病原菌的牛奶称致病菌污染奶。

4. 其他病理异常奶 除上述几种致病菌污染牛奶外还有许多其他种类的细菌污染奶。不同微生物在牛奶中利用的底物不同,其代谢产物和产生的毒素也不同,因而引发的牛奶理化性质的改变特点也不同。实际上,当牛奶受到污染时,往往是多种微生物同时发生,因而其现象和结果也就多种多样。

鲜奶中含有一定数量的微生物是正常现象。当微生物的数量达到一定限度时,对牛奶特性的改变达到了影响正常加工和食用的程度,才称之为病理异常奶或细菌污染奶。

(四)人为异常奶

指人为改变正常牛奶的营养成分含量或掺入非奶成分的异常牛奶,也称人工掺杂奶。掺杂物的种类很多,根据其掺杂目的分述如下。

1. 增加牛奶重量与体积 这是人工掺杂奶的最主要动因。掺杂物主要是水。牛奶掺水后理化性质改变不大,如果掺水量不多肉眼很难辨别出来,且掺水基本上不需要什么成本。

由于牛奶掺水后比重下降,冰点上升,各营养成分含量降低,因此很容易检测出来。为了通过检测,有人在牛奶中掺水的同时添加某些盐类用以增加比重;添加可溶性淀粉、糊精、米汤等用以增加比重和黏稠度;添加乳清粉和豆浆用以增加比重和乳糖及乳蛋白。牛奶掺入上述物质后不但营养价值降低,口感变差,还会使牛奶的理化特性和加工特性受到严重影响,不但损害消费者的利益,也给乳品加工企业造成巨大的经济损失。

2. 中和变质牛奶的酸性　牛奶在贮存过程中最容易发生的问题是酸败,其主要特点是酸度升高,超过收购标准的上限时无法出售。为此有人采用向酸败牛奶中加入碱性物质(通常为碳酸钠或碳酸氢钠)的办法来中和酸性,使其酸度保持在正常范围。牛奶加碱后虽然酸度可回落至正常范围,但其中含有的大量微生物仍然存在,且继续繁殖,所产生的代谢产物和毒素也仍然存在,牛奶质量会进一步下降。除此之外,向牛奶中掺碱直接影响牛奶及乳制品的质量、风味和色泽,对消费者的健康可造成损害。

3. 添加防腐剂　甲醛和重铬酸钾是常用的防腐剂,易溶于水,能抑制牛奶中微生物的生长繁殖,防止牛奶在贮存过程中腐败变质和 pH 降低,因而有人有向牛奶中添加甲醛,以延长牛奶的保存期。但甲醛和重铬酸钾对人体有害,对消费者的健康构成威胁。

(五)特殊污染奶

合成牛奶的原料来源于血液,经各种途径进入奶牛血液的有毒有害物质很容易进入牛奶,在牛奶中出现。这些进入牛奶的有毒有害物质会随着牛奶被人饮用而进入人体,可对人体健康造成不同程度的损害。

当奶牛发生炎性疾病(如乳房炎)时,往往采用抗生素进行治疗。抗生素很容易在奶中残留,人饮用含有抗生素的牛奶后可能会引发变态过敏反应,发生危险。小剂量经常性的抗生素摄入会使某些病原微生物产生耐药性,对人类的健康构成极大的潜在威胁。另外,含有抗生素的牛奶抑制微生物的生长繁殖,所以不能作为生产发酵乳制品(如酸奶、干酪等)的原料。世界各国都明确规定含有抗生素的牛奶不能作为原料奶出售。

某些激素或激素类物质可促进牛的生长(如类固醇激素)和产奶(如牛生长激素),调节牛的排卵和繁殖功能(如胎盘激素和垂体激素),因此在奶牛生产中有时会使用某些激素。激素也很容易在牛奶中残留,人饮用含有激素的牛奶会干扰机体的正常代谢,如类固醇激素可引起婴幼儿性腺过早发育,或引起成年人激素分泌失调,有些激素对人体具有至突变或致癌作用,因此必须严格遵守有关激素的使用规定。泌乳牛不能使用类固醇激素促生长,也不能使用生长激素及其类似物促进产奶。当使用性激素调节奶牛的繁殖功能或治疗繁殖障碍疾病时,在规定期限内其奶不能作为原料奶出售。

一些饲料中含有对人体有害的毒素。如棉籽粕中含有棉酚,菜籽粕中含有芥酸和葡萄糖硫苷,发霉的饲料中可能含有真菌毒素(如黄曲霉毒素等)。一些饲料中可能含有残留的杀虫剂、除草剂、植物生长促进剂等,这些有害物质可以通过饲料残存于牛奶中对人产生伤害。

洗涤、消毒挤奶机械、管道、容器时如果清洗不彻底,就会残留在牛奶中,对人体造成伤害。由非食品级的原材料制成的输奶管道或贮奶容器中的有害成分会慢慢溶入奶中,对人体造成伤害。

饲料中、环境中、器具中如果含有超标量的重金属(如铅、砷等)也会通过牛奶损害人的健康。

三、乳房炎及其防控措施

乳房炎是奶牛最常见的疾病,也是给奶牛生产造成经济损失最大的疾病。因此,有效地控制乳房炎的发病率是奶牛场一项非常重要的工作。由于奶牛乳房炎的发生与挤奶密切相关，因此作为奶牛挤奶员应详细了解乳房炎的相关情况。

（一）乳房炎的病因与感染过程

乳房炎简单地说就是乳腺组织发炎，由致病性微生物侵入乳房并生长繁殖所引起。可引起乳房炎的病原性微生物多达 80 多种，常见的有 20 多种，包括细菌，真菌，酵母菌，放线菌等，最常见和最严重的乳房炎是由细菌引起的。

绝大多数的乳房感染都是通过乳头管发生的。滞留在乳头管口及其周围皮肤上的病原微生物在两次挤奶之间通过乳头管侵入乳房，生长繁殖，扩散到乳腺组织中，引起乳腺发生炎症反应。当乳腺组织被细菌感染时，白细胞向感染部位聚集，进入乳腺泡，吞噬病原微生物。如果此机制不能完全消除感染，巨噬细胞会发生增殖并释放一些化学介质，刺激炎症反应进一步加剧，使毛细血管通透性增强，免疫球蛋白、血浆白蛋白以及许多其他白细胞进入乳腺泡腔。血管通透性的改变导致乳房水肿，因此乳房炎发展到一定阶段可见乳房红肿、疼痛、发热等症状。病原微生物产生的毒素破坏乳腺细胞，使乳腺的泌乳能力下降，产奶量降低甚至完全停止泌乳。被破坏的乳腺组织形成瘢痕，导致终生泌乳能力降低或完全丧失。病原微生物产生的毒素进入血液会引起患牛体温升高等全身症状。在炎症反应初期，由于白细胞向炎症部位聚集，进入乳腺泡腔，使乳汁中体细胞数增加；随着炎症反应的加剧，血液中的钠、氯离子进入乳腺泡增多，乳汁 pH 升高，乳腺泡腔内充斥着坏死的乳腺分泌上皮细胞和一些微生物细胞的碎片，加之病原菌产生的毒素等，使乳汁性质发生明显改变。乳汁在乳腺泡腔内产生的凝块堵塞乳房的导管系统，使奶不容易被挤出。乳腺组织遭受严重破坏时部分血液成分进入乳腺泡腔导致乳汁变成粉色。

(二)乳房炎的分类

根据乳房炎的严重程度和外在表现,将奶牛乳房炎分为隐性乳房炎、临床型乳房炎和亚临床型乳房炎三类。

1. 隐性乳房炎 引起奶牛乳房炎的致病微生物已侵入乳房,但无临床症状,乳汁也无肉眼可见的异常,而炎症反应已在乳腺内部发生,用试剂或其他方法可以检出。隐性乳房炎在奶牛群中发病率很高,引起产奶量下降,且不易被发觉,因此对奶牛场的生产和经济效益影响很大。

2. 亚临床型乳房炎 即慢性乳房炎,病程持久,且反复发作,但病情比较缓和,一般情况下没有明显的临床症状(但不排除偶尔出现临床症状)。可在乳腺中触及到硬结,严重者乳汁发生异常变化,挤出的奶放置一段时间后可分离为上下两层,上层呈水样,下层呈乳脂样,有时乳汁中有絮片,pH 升高,产奶量下降。

3. 临床型乳房炎 可根据病程长短和病情严重程度分为过急性、急性和亚急性三类。轻度的临床型乳房炎患牛乳汁中有絮片和(或)凝块,有时乳汁呈水样,乳房轻度肿胀和热痛,但无全身症状。严重的患牛发病乳区剧烈肿胀,热痛,变硬,可触及明显的硬块,可形成坏疽,有时甚至出现破溃。乳房上淋巴结肿大。乳汁可有不同程度的稀薄(甚至水样)、絮片和凝块,甚至含有带血的丝状物或脓性分泌物。有时乳凝块阻塞乳导管系统,乳汁不易挤出。产奶量急剧下降,甚至停止泌乳。除局部症状外,可出现全身症状,如体温升高,脉搏加快,精神沉郁,食欲下降等,严重时出现休克、甚至衰竭死亡等情况。

由于隐性乳房炎没有明显的临床表现,患牛可长期隐藏于牛群中,并成为主要传染源。大部分隐性乳房炎并不发展成临床型或亚临床型乳房炎,只有少数隐性乳房炎发展为临床型或亚临床型乳房炎,因此当牛群中发生临床型乳房炎和亚临床型乳房炎时,说明该牛群的隐性乳房炎已相当严重。一般每一例临床型乳房炎或亚临床型乳房炎意味着牛群中有20~40例隐性乳房炎。

(三)乳房炎的危害

乳房炎是引起奶牛场经济损失最大的一种疾病。世界各地奶牛场由乳房炎造成的经济损失比奶牛繁殖疾病所造成的经济损失的总和还高1倍。乳房炎以乳腺组织的炎症反应为特点,导致产奶量下降,乳汁变性,严重的乳房炎对乳腺组织造成不可逆的损害和破坏,永久性丧失泌乳能力,并引发全身症状,甚至导致病牛死亡。

隐性乳房炎虽然没有严重的临床症状,但也会对奶牛乳腺组织造成一定程度的损害,导致产奶量的降低。由于隐性乳房炎没有明显的症状和外部表现,乳汁也没有肉眼可见的变化,因而长期潜伏在牛群中不易被发现,以至于发病率很高,从而对奶牛场的总产奶量和经济效益造成重大影响。

临床型和亚临床型乳房炎可对患牛乳腺组织造成比较严重的损害和破坏,不但引起产奶量的严重降低,其乳汁特性也发生明显改变,所产牛奶不能出售。在对临床型和亚临床型乳房炎进行诊断和治疗时需要人员和药物等方面的投入。严重的乳房炎会对患牛的乳腺组织造成永久性损害,使泌乳机能部分或全部丧失,失去利用价值,不得不将其淘汰。个别病牛有时会发生死亡。因此,尽管与隐性乳房炎相比,临床型和亚临床型乳房炎在奶牛场的发病率不高,但给奶牛场造成的经济损失也是很大的。

由于隐性乳房炎发病率高,而且在牛群中而不易被诊断出来,故隐性乳房炎给奶牛生产造成的经济损失实际上比少数几例临床型和亚临床型乳房炎所造成的经济损失更大。

(四)乳房炎的诊断

临床型乳房炎和亚临床型乳房炎可根据乳汁、乳房的变化及全身症状等情况确定,不难诊断。隐性乳房炎由于乳汁、乳房没有明显的肉眼可见变化,更没有全身症状,则不易被发现。乳房炎的检验方法主要有体细胞计数法和美国加州乳房炎实验法(C.M.T法)。

1. 体细胞计数 体细胞计数是诊断乳房炎的基本方法。进入乳汁的各种白细胞和免疫细胞,脱落的乳腺上皮分泌细胞都称为体细胞。在正常情况下牛奶中体细胞数量很少,不高于 10 万个/毫升。当乳汁中的体细胞数超过 50 万个/毫升时,则说明乳房已发生炎症。

乳汁的体细胞计数可采用显微镜进行测定,也可采用自动化仪器进行测定,前者效率低,但不需要特殊的设备,一般实验室就可进行;后者效率高,速度快,但仪器设备十分昂贵,只有专门的乳品检测中心才具备此条件。目前,在一些奶业发达的地区如北京三元绿荷,奶牛的 DHI 检测中已包含体细胞数一项。

由于牛奶中的体细胞数与乳房炎的感染率及严重程度密切相关,可以根据牛奶中体细胞的数量大致估测由于乳房炎所导致的产奶量损失。如果一个奶牛场的平均产奶量为 6 000 千克/年·头,若牛奶中平均体细胞数为 50 万个/毫升,那么由于乳房炎所导致的产奶量损失约为每头牛每年 300 千克(5 000 × 0.06)。详见表 6-2。

表 6-2 牛奶体细胞数与乳区感染率及产奶量损失之间的关系

牛奶体细胞数（万个/毫升）	乳区感染率（%）	产奶量损失（%）	牛奶体细胞数(万个/毫升)	乳区感染率（%）	产奶量损失（%）
20	0	0	100	32	18
50	16	6	150	48	29

2. 美国加州乳房炎试验法(简称 CMT 法)

原理:乳汁中的体细胞在表面活性物质和碱性药物的作用下受到破坏,释放出 DNA,并与其发生反应,产生沉淀或凝块。乳汁中细胞数量越多,产生的沉淀和凝块就越多,可根据产生沉淀和凝块的多少间接判断奶中体细胞的数量。

操作方法:将从每个乳头中挤出的第一、第二把奶弃去,然后分别将 4 个乳区的乳汁挤入检验盘中的 4 个检验皿内,将检验盘倾斜 60°,流出多余的乳汁,使之保留 2 毫升,用定量加液瓶或注射器加入等量的专用检测试剂,水平摇动检验盘,使试剂与奶样充分混合,10 ~ 30 秒钟后观察结果,按表 6-3 中的描述进行判定。

表 6-3 美国加州乳房炎试验结果判定标准

判定结果	乳汁反应	判定符号	体细胞总数（万个/毫升）
阴 性	混合物呈液状,倾斜检查盘时液体流动顺畅,皿底无凝块	–	0 ~ 2
可 疑	混合物呈液状,皿底出现微量沉淀,稍加摇动沉淀迅即消失	±	15 ~ 50
弱阳性	皿底出现少量稀薄黏性沉淀,但不成胶状,摇动时沉淀物散布于皿底,并有一定的黏附性	+	50 ~ 80
阳 性	皿底沉淀物较多,也较黏稠,微呈胶状,倾斜检验盘时沉淀物有明显黏附于皿底而难以流动的现象,检验盘做旋转运动时沉淀物有聚集于中心的倾向	+ +	80 ~ 500

续表 6-3

判定结果	乳汁反应	判定符号	体细胞总数（万个/毫升）
强阳性	皿中混合物的大部分形成明显胶状沉淀物，并黏附于皿底，旋转检验盘时凝胶聚集于中心呈团块状，难以散开	+++	500 以上

该法检验迅速准确，检出率高，且可在牛舍中进行，非常方便，其惟一的缺点是不适用于检查初乳期和末乳期的奶样。目前本法在全世界各国普遍采用。本法的关键是检验试剂，继美国之后，许多国家在此基础上研制开发了不同的试剂，我国的一些单位也研制开发了类似的产品，统称为奶牛乳房炎诊断试剂。

(五)影响奶牛感染乳房炎的相关因素

1. 奶牛乳房的特点 下垂的乳房其乳头距离地面较近，严重的甚至直接与地面接触。这样的乳房和乳头很容易受到污染和外伤，因此患乳房炎的可能性大。

几乎所有的乳房炎都是病原微生物通过乳头管进入乳房而引起的。因此，乳头括约肌松弛、乳头管较粗的乳房就容易发生感染而导致乳房炎。排乳快的奶牛乳头管一般较粗，乳头括约肌较松，因此更易患乳房炎。随着奶牛泌乳胎次的增加，乳头会越来越长，乳房也越来越下垂，乳头管变粗，括约肌松弛，因此年老的牛更易患乳房炎。高产奶牛乳头管往往较粗，因此患乳房炎的可能性大。

奶牛在患某些其他疾病时会引起抵抗力下降，因而增加了感染乳房炎的几率。

2. 奶牛生活的环境 引发乳房炎的病原性微生物生存于奶牛的生活环境中。奶牛喜欢躺卧的地方(如卧床)是最容易感染乳房炎的场所。因此应特别注意奶牛卧床垫料的选择和卧床的清洁干燥。奶牛运动场特别是运动场中凉棚下面也应特别注意。

3. 挤奶设备 挤奶机械是接触奶牛乳房最频繁的设备，挤奶机械质量低下、保养不良、工作状态不佳、清洗消毒不彻底、挤奶操作不当等因素都会给乳房炎的发生提供条件。

挤奶设备真空度过大、脉动器频率过高、乳房内无奶时没有及时脱杯而导致的空挤等会使奶牛乳头外翻，并对乳腺组织造成伤害，使细菌更容易侵入乳腺组织。在挤奶过程中突然失去真空或乳头杯意外脱落时会使乳头末端的奶急速回流至乳房内，将外界细菌带入乳房。乳头杯清洗消毒不彻底会导致细菌孳生，并通过挤奶在奶牛之间相互传播。

4. 挤奶程序与挤奶操作 挤奶前清洗、擦干乳房可减少乳房和乳头上的微生物；挤奶员剪短和磨光指甲可避免对乳房和乳头造成外伤，洗手可减少手上沾染的病原性微生物；挤奶后对乳头进行药浴可将乳头上的致病菌杀灭，并在一段时间内封闭乳头管。这些措施都有利于控制乳房炎的发生。如果这些工作没有做到位，如擦洗乳房的用水和毛巾等不干净，不能做到一头牛一条毛巾，则会增加奶牛感染乳房炎的机会。

（六）乳房炎的预防

乳房炎的发生是多方面因素综合作用的结果，如奶牛的乳房结构、环境因素、挤奶机械、挤奶技术、微生物感染等，因此对乳房炎的控制与预防措施也要从多方面着手。

1. 尽早发现，及时治疗 挤奶员在挤奶过程中要仔细观察乳汁和乳房情况，通过乳汁异常和乳房异常可以发现临床型乳房炎和慢性乳房炎。定期进行体细胞数测定或加州乳房炎试验法（CMT 法），以发现隐性乳房炎。发现的乳房炎应查明原因和病原，采取相应措施积极治疗。对久治不愈和无治疗价值的牛应尽早淘汰。

2. 搞好环境卫生和牛体卫生 引起乳房炎的病原菌存在于奶牛场的环境中或牛体上,保持环境和牛体的清洁卫生就可减少病原菌的存在和感染的可能。要定期对牛舍进行消毒。对较大和下垂的乳房要注意保护,防止外伤。

3. 严格遵守挤奶操作规程 科学的挤奶程序和熟练的挤奶技术,可减少对乳房和乳头的机械损伤及病原体的入侵传播,是预防乳房炎的重要措施。

4. 做好乳头药浴 乳头药浴是预防奶牛乳房炎的重要常规措施。挤奶结束后,乳头括约肌尚未收缩,病原菌极易侵入乳房。如在挤奶后立即对乳头进行药浴,则可杀灭附着在乳头末端及其周围和乳头管内的病原体。要选择杀菌效果好、作用时间长、刺激性小的药浴液,并使用专门的药浴杯进行药浴。

5. 正确干奶 严格执行干奶程序。对于高产奶牛,有乳房炎病史的牛,患隐性乳房炎的牛不能采用骤然干奶法。停止挤奶后的一段时间内密切监控乳房情况。

四、提高牛奶质量的措施

第一,加强奶牛的选种与育种工作。培育乳脂、乳蛋白含量高的奶牛是提高牛奶营养指标的最根本措施。培育乳房形状好,悬韧带强劲有力,乳头分布均匀、长短适度,乳头括约肌松紧合适的奶牛是控制乳房炎发病率的重要措施。

第二,科学饲养管理。合理的日粮配方是保证牛奶营养成分含量正常的关键措施。严格控制饲料原料的质量、卫生可以有效防止饲料来源的污染。科学的饲养管理可改善奶牛的健康状态,提高对疾病和感染的抵抗力,从而提高牛奶质量。

第三,严格执行检疫、免疫制度。免疫可有针对性地提高奶牛对相关传染病的抵抗力。检疫可及早发现病牛。对传染病患牛及时隔离与治疗,淘汰治疗价值低的患牛,避免其成为牛群中的病源传播者,是控制牛奶病原菌污染的根本措施。

第四,搞好环境卫生和牛体卫生。牛奶大部分污染的最终来源是牛场的环境。搞好牛场周边环境、牛场内部整体环境、牛舍与运动场环境、挤奶厅与贮奶间环境等的卫生,保持清洁干燥,防止蚊蝇孳生,不但能够有效控制污染源,大大降低牛奶的各种污染,还能提高牛群的健康水平,改善牛场工人的工作环境,提高工作效率,既保证了奶牛的福利,也保证了工作人员的福利。应注意保持牛体清洁,定期修剪牛尾和乳房上的长毛,每日对牛体进行刷拭。

第五,严格执行牛场的防疫制度。严格控制进入生产区的人员与车辆。进入生产区的人员与车辆必须经过严格的消毒,人员必须穿工作服和胶靴、戴工作帽。工作服与工作帽必须勤洗勤换,不能带出生产区。严禁将与生产无关的物品带入生产区,特别是食物。严禁任何动物进入生产区。对场区、各建筑物、生产场所严格消毒,每周 1 次。

第六,保证挤奶、贮奶设备处于最佳工作状态。选用先进的挤奶、贮奶设备,按操作规程正确使用。按规定对挤奶、贮奶设备定期检查与保养,使设备始终处于最佳工作状态,尽可能避免由于挤奶设备导致的对奶牛乳房造成损伤,降低乳房炎的发病率。

第七,严格遵守挤奶程序。挤奶员必须身体健康,定期体检,搞好个人卫生,熟练掌握挤奶技术。严格执行挤奶程序与操作规程,按规定做好每一个环节的工作,认真监控挤奶机械工作状态和奶流速度,仔细观察奶牛乳房和牛奶性状,发现问题及时处理。避免挤奶对奶牛乳房造成损伤和对牛奶的污染。

第八,认真做好牛奶的处理、保存和运输工作。牛奶挤出后立即过滤降温,确保贮存温度均匀,并保持在规定范围内。尽可能缩短贮存时间,及时运至乳品加工厂出售。防止牛奶在运输途中升温。严格牛奶出入库管理制度,尽量避免不必要的损失。

第九,防止奶牛应激。应激是引起牛奶营养成分变化和低酸度酒精阳性奶的重要原因。做好防暑降温工作,搞好泌乳牛夏季的饲养管理是防止奶牛热应激的重要措施。

第十,严格执行国家的相应规定。初乳、末乳不能混入鲜奶出售;乳房炎奶不能混入鲜奶出售;使用抗生素治疗的奶牛在规定时间内所产之奶不能混入鲜奶出售。这些规定是保证牛奶质量的重要措施,必须严格执行。不能使用国家禁止在泌乳牛日粮中使用的饲料、添加剂和药品。

第十一,重视乳房炎的控制。乳房炎是降低牛奶质量的重要因素,特别是隐性乳房炎,没有明显的临床症状,所产的奶没有肉眼可见的形态改变,但对牛奶质量的影响很大,因此必须严格控制,尽可能降低隐性乳房炎的发病率。

第十二,彻底清洗挤奶设备和贮奶容器。按照规定和程序按时清洗、消毒挤奶设备和盛奶、贮奶容器,清洗和消毒要彻底,漂洗要干净,严防消毒剂和洗涤剂的残留。

第十三,加强职工培训。经常对牛场工作人员进行培训,使职工充分认识提高牛奶质量的必要性和重要性,普及相关科学知识和技术,把提高牛奶质量落实到牛场生产的每一个环节。

第十四,加强职业道德教育。使每一名牛场工作人员都充分认识到牛奶掺杂使假的严重危害,坚决杜绝任何人为掺杂使假的情况发生,制订严格的惩罚措施,使保持牛奶的纯净变成每一名职工的自觉行动。

思考题

1. 牛奶的收购标准是什么?
2. 异常牛奶有哪些?是如何造成的?
3. 乳房炎的症状是什么?有什么危害?如何预防?
4. 简述提高牛奶质量的措施。

第七章　挤奶员劳动管理

一、劳动定额与考核指标

(一)挤奶员的劳动定额

劳动定额是指根据奶牛场不同岗位的工作性质、特点与职责，经过科学计算和实践验证而确定的、各岗位工作人员每人每天所应承担的工作量。劳动定额是对各岗位人员工作业绩考核的基础。

科学、合理地确定不同岗位的劳动定额是对奶牛场人力资源科学管理的重要组成部分，是调动奶牛场员工的积极性、充分发挥各类人员的潜力、提高劳动生产率和工作效率的重要手段与有效措施。劳动定额的确定必须科学合理，既不能过高也不能过低，各不同岗位之间的标准应一致，这样才具有可操作性。

制定劳动定额应根据工作岗位的性质与特点、劳动强度、工作环境、难易程度等综合考虑。不同岗位间的劳动定额根据其各自工作的性质与特点而不同；相同岗位的劳动定额可能会因为机械化程度、设施设备条件、环境条件和奶牛生产水平的不同而产生差异。

1. 手工挤奶的劳动定额　目前我国绝大部分奶牛场实行机械挤奶，但也有一部分规模较小的奶牛场和个体养殖户采用手工挤奶。即使在采用机械挤奶的奶牛场，围产期奶牛和患乳房炎的奶牛也必须采用手工挤奶。

在采用手工挤奶的奶牛场，挤奶员往往也是饲养员，因此除了挤奶以外，还要负责奶牛的饲喂等工作，因此每人负责的奶牛头数较少，一般为 15 ~ 20 头。

在产牛舍负责管理围产期母牛的工作人员除了挤奶外，还要负责围产期母牛的饲喂，承担接产、助产、产后子宫监测、护理、恢复等工作，工作比较辛苦，工作环境条件较差，技术性较强，因而劳动定额相对较低。一般每人平均管理奶牛10～15头左右。如果只是单独负责挤奶工作，每人可管理奶牛20头左右。

乳房炎患牛的挤奶比较复杂，有的牛因病情严重，乳房红、肿、热、痛明显，需要进行物理治疗（按摩、热敷等）；有的牛因乳房痛感明显，拒绝挤奶；有的牛因炎症导致乳导管堵塞，乳汁不易排出。除此之外，还要配合兽医的治疗工作，因此每人负责的牛头数较少，一般不超过10头。实际上，奶牛场不可能同时有多头奶牛患乳房炎，因而乳房炎患牛的挤奶工作也不一定非要专门的人员负责，规定劳动定额并无太大实际意义。

2. 机械挤奶的劳动定额 由于挤奶设备的类型和种类不一，因而挤奶员的劳动定额也有一定的差别。

（1）牛舍管道式机械挤奶 采用拴系式饲养管理工艺的奶牛场一般采用牛舍管道式机械挤奶，可分为两种情况。第一种情况为挤奶员同时又是饲养员，除了挤奶外还要负责奶牛的饲喂和其他工作，此种情况下每人可负责20～25头奶牛；第二种情况为挤奶员只负责挤奶，不做其他工作，此种情况下每人可负责40～50头奶牛。

（2）挤奶厅集中机械挤奶 采用散栏式饲养管理工艺的奶牛场一般采用挤奶厅集中挤奶，每名挤奶员可负责70～80头泌乳母牛。不同类型挤奶设备之间略有差别。

（3）挤奶机操作员和贮奶间操作员 视奶牛场规模，设置2～3个岗位。

需要特别强调的是，挤奶员的劳动定额与奶牛的产奶量有一定的关系。相对而言，产奶量高的奶牛所需要的挤奶时间要比产奶量低的牛多，特别是手工挤奶时，这种差别会更加明显。而不同奶牛之间的产奶量相差很大,有时可达1倍以上。另外,挤奶设备有不同的类型,不同类型的挤奶设备之间其挤奶效率、操作的难易程度也有一定的差别,这些都将影响挤奶员的劳动定额。因此在制订挤奶员的劳动定额时应根据具体情况综合考虑、灵活掌握。

(二)挤奶员的考核指标

考核指标指对挤奶员的工作业绩进行衡量的标准,是制订工资水平和奖惩制度的基础,是奶牛场对挤奶员科学管理的有效手段。科学合理的考核指标能够提高奶牛场的劳动生产率,调动工作人员的积极性,促进生产的发展。如果考核指标确定的不够合理,则会起到相反的效果。

制订奶牛场挤奶员的考核指标是一项比较困难的工作,因为奶牛场挤奶员的有些工作很难量化,特别是一些指标的影响因素很多,其中有些因素并非挤奶员所能完全控制。因此制订具体的考核指标必须根据牛场的实际情况,综合考虑各种因素,并在实践中不断加以调整与完善。

1. 拴系式饲养管理工艺挤奶员的考核指标　在采用拴系式饲养管理工艺的奶牛场,挤奶员也是饲养员,除挤奶外还负责奶牛的其他饲养管理工作,如饲喂、清槽、清洁牛体、观察发情和健康状况等。由于其所管理的泌乳牛的大部分工作均由一人承担,泌乳牛的生产表现受他人工作影响的因素比较小,因而考核指标比较容易确定。由于泌乳母牛的饲养目标为在保证健康的基础上获得较高的产奶量和牛奶质量,母牛产后尽早发情、配种并妊娠,避免发生流产。母牛健康状况可用各月份的体况评分和发病率来考核,可设置一般疾病、代谢病、消化系统疾病几个不同的指标,因为不同类型的疾病与饲养管理工作质量的关系密切程度不同。产后初次发情时间、产后妊娠时间是比较重要的指标,但这2个指标与牛的产奶量有一定的负相关关系,即产奶量越高的牛,其产后发情和妊娠所需的时间越长，因此无法做统一的规定。产奶量和牛奶质量是最重要的指标，但这 2 个方面的指标与奶牛的遗传基础关系非常密切，因而不能直接设定，最好与上个胎次进行比较或与产奶计划中的相应数值进行比较计算相对值才合理。另外，牛奶质量的指标有些受遗传因素的影响较大（如乳脂率、乳蛋白率等），有些受日粮因素的影响较大（如乳脂率、乳蛋白率等），有些受饲养管理因素的影响较大（如体细胞数、细菌数等），因此这些考核指标的设定必须考虑各种因素，力求科学、公平、合理。乳房炎的发病率、体细胞数、细菌数与挤奶密切相关，应作为重要的考核指标来设置。

2. 散栏式饲养管理工艺挤奶员的考核指标 采用散栏式饲养管理工艺的奶牛场，挤奶员的工作只是挤奶，工作性质相对简单，考核指标相对较少。母牛乳房炎发病率、体细胞数、细菌数应作为此类挤奶员的主要考核指标；由于挤奶操作导致的意外事件，如流产、外伤、乳房受损、明显的乳房或乳汁异常未被发现等也应作为考核指标；产奶量、奶成分等可作为参考指标。

3. 围产期母牛挤奶员考核指标 围产期挤奶员的工作有两种情况，即只负责挤奶和负责围产期奶牛饲养管理的全部工作，二者的考核指标也有很大不同。

前者主要考核指标有：乳房恢复情况、乳房炎发病率、调出产牛舍时（产后 15 天）乳房健康状态，产牛舍全期产奶量等。挤奶后的产后瘫痪发病率也应作为一个重要的参考指标。母牛在产犊前乳房开始水肿，产犊后经一定时间消退。挤奶员在挤奶过程中要对乳房进行必要的热敷与按摩等护理工作，如果挤奶技术好，护理细致，乳房水肿消退较快，否则容易诱发乳房炎。母牛刚刚产犊后的一小段时间内消化功能较弱，食欲差，采食量低，应控制挤奶，否则会诱发产后瘫痪，控制挤奶的程度应根据奶牛自身的体况和采食量灵活掌握，这些都与挤奶员的技术与认真程度密切相关。

后者的考核指标除上述考核指标外，还应包括：异常分娩发生率、子宫恢复时间、子宫炎发生率和严重程度、犊牛健康状态、第一次初乳的饲喂时间等指标。产后母牛食欲的恢复情况可用转出产牛舍时的干物质采食量进行衡量。异常分娩可定义为由人为因素造成的接产、助产事故，如对分娩前兆观察不细致造成的在没有任何准备的情况下母牛突然生产，并由此导致严重后果(犊牛或母牛死亡)；在接产或助产过程中由于误操作导致严重后果(犊牛或母牛死亡，产道严重感染或创伤等)。

4. 挤奶机房与贮奶间工作人员考核指标　挤奶机房与贮奶间共同设岗，主要工作任务是操作、维护挤奶与贮奶机械设备正常运转，清洗、消毒挤奶、贮奶设备，定时保养，按时更换易损件；给牛奶过滤、降温并在低温下保存，尽量降低牛奶在贮存过程中的损失与质量下降。主要考核指标应包括：设备完好率、设备事故率、鲜奶损失率、牛奶销售时的酸度和细菌数等。

二、挤奶记录表格与使用

为了提高奶牛饲养管理的科学性，提高管理的效率，在奶牛场的各项工作中均应做好相应的记录与统计工作。这些技术资料既可作为掌握奶牛场当前生产情况，制订、调整各项工作方案和具体饲养管理措施的基础与依据，也用于保存备查。

奶牛场需要记录、统计和保存的技术资料很多，如奶牛卡片(主要记录牛的系谱、生长发育、体尺体重、生产性能等情况)，产奶情况，检疫、免疫情况，疾病诊断治疗情况，发情、配种、妊娠、分娩情况等。这些资料的收集、记录、整理、统计、分析和保存一般由技术人员和管理人员专门负责，不属于奶牛挤奶员的工作职责范围，因此不做进一步的详细介绍。

为了做好本职工作，奶牛挤奶员应对自己所负责的牛群的基本情况有一定的了解，并对每日的工作内容和关键环节做必要的记录。记录既是一个非常好的习惯,也是非常有效的管理手段。通过记录这一形式,可以督促我们认真地进行每一项操作,因为如果我们没有进行某项必须的操作或操作不认真,就无法完成记录。记录可以帮助我们查找、分析发生问题的原因。人的记忆力是有限的,记忆力再好的人也不能将以前发生的所有事件的每一个细节永久保存在记忆中。任何事情的发生都是有原因的,如奶牛临床型乳房炎的发生,是在此前一个阶段饲养管理和挤奶操作所积累的结果,分析前一阶段的饲养管理和挤奶操作,往往可以找到病因。因此,做好相应的记录是非常重要的。

为此,我们设计了一套适用于不同情况下使用的奶牛挤奶员工作记录表格,分拴系式饲养管理工艺挤奶员和散栏式饲养管理工艺挤奶员两种类型。使用者可根据需要进行必要修改,增删相应的项目。

(一)拴系式饲养管理工艺挤奶员工作记录表格

拴系式饲养管理工艺的特点是每位挤奶员所负责的奶牛相对固定,除了挤奶以外,还要负责奶牛的饲喂等其他工作。

1. 饲养管理记录表格 表格范例如表 7-1 所示。

表 7-1 成年母牛饲养管理记录表

<table>
<tr><td colspan="2">牛 号</td><td colspan="2">出生日期</td><td colspan="2">胎 次</td><td colspan="2">上胎产奶量</td><td colspan="2">产犊时间</td><td colspan="2">体 重</td></tr>
<tr><td colspan="2"></td><td colspan="2"></td><td colspan="2"></td><td colspan="2"></td><td colspan="2"></td><td colspan="2"></td></tr>
<tr><td>产后发
情时间</td><td></td><td></td><td colspan="2">妊娠时间</td><td colspan="2">预产期</td><td colspan="2">其他情况</td><td></td></tr>
<tr><td>日 期</td><td>泌乳月</td><td>体况
评分</td><td>日产
奶量</td><td>精料
采食量</td><td>粗料
采食量</td><td>青贮
采食量</td><td>发情
情况</td><td>输精
时间</td><td>备 注</td></tr>
<tr><td></td><td></td><td></td><td></td><td></td><td></td><td></td><td></td><td></td><td></td></tr>
<tr><td></td><td></td><td></td><td></td><td></td><td></td><td></td><td></td><td></td><td></td></tr>
<tr><td></td><td></td><td></td><td></td><td></td><td></td><td></td><td></td><td></td><td></td></tr>
</table>

使用说明

(1)此表用于泌乳母牛,从产犊开始直至干奶,主要由泌乳母牛挤奶员(饲养员)使用。每头牛一张表格,如果一张表格不够用可加页。从产牛舍到泌乳牛舍之间的转群,此表一直跟随,最终(牛转入干奶牛舍后)交牛场资料室保存。该表格在每页下部留有一定空白,用于记录表格中无法记录的特殊情况。

(2)表的上部是牛的基本情况,用于挤奶员了解和掌握牛的基本情况。

(3)其他情况:指牛的体质类型、健康状况、检疫免疫、疾病等特殊情况,如果此栏位置不够用,可在该页的下部空白处填写。

(4)第三行的产后发情时间有三个记录位置,分别用于记录母牛产后的每一次发情时间(因为母牛产后并不是一次配种就能够妊娠,可能会经过2~3次的发情配种之后才能妊娠),用于预测下一次可能的发情时间,便于挤奶员有针对性地观察发情表现。

(5)第四行以下是记录位置,每天一行。日期指挤奶的当天,泌乳月指挤奶当天牛所处的实际泌乳月。日产奶量指当日的泌乳量,次日记录。精料采食量、粗料采食量、青贮采食量均按天进行记录。

(6)发情情况指观察到的发情行为和发生时间,用于配种员确定输精时间的参考。输精时间指配种员进行输精的时间,主要用于确定妊检时间和妊娠表现的观察。

(7)其他情况如乳房情况、妊检、疾病等在备注中标出,位置不够用时可在该页下部的空白处加以补充

2. 挤奶记录表格　表格范例如表7-2所示。

表7-2　成年母牛挤奶记录表

<table>
<tr><td colspan="2">牛　号</td><td>出生日期</td><td colspan="2">胎　次</td><td>上胎产奶量</td><td>产犊时间</td><td colspan="2">体　重</td></tr>
<tr><td colspan="2"></td><td></td><td colspan="2"></td><td></td><td></td><td colspan="2"></td></tr>
<tr><td>妊娠
时间</td><td></td><td>预产期</td><td></td><td>预计干
奶时间</td><td></td><td>其他
情况</td><td colspan="2"></td></tr>
<tr><td>日　期</td><td>泌乳
月</td><td>体况
评分</td><td>前日
产奶量</td><td>第一次
挤奶量</td><td>第二次
挤奶量</td><td>第三次
挤奶量</td><td>奶量
合计</td><td>乳房
情况</td><td>乳汁
情况</td></tr>
<tr><td></td><td></td><td></td><td></td><td></td><td></td><td></td><td></td><td></td><td></td></tr>
<tr><td></td><td></td><td></td><td></td><td></td><td></td><td></td><td></td><td></td><td></td></tr>
<tr><td></td><td></td><td></td><td></td><td></td><td></td><td></td><td></td><td></td><td></td></tr>
<tr><td></td><td></td><td></td><td></td><td></td><td></td><td></td><td></td><td></td><td></td></tr>
</table>

使用说明

(1)此表用于泌乳母牛,从产犊开始直至干奶,主要由泌乳母牛挤奶员使用。每头牛一张表格,如果一张表格不够用可加页。从产牛舍到泌乳牛舍之间的转群,此表一直跟随,最终(牛转入干奶牛舍后)交牛场资料室保存。该表格在每页下部留有一定空白,用于记录表格中无法记录的特殊情况。

(2)表的上部是牛的基本情况,用于挤奶员了解和掌握牛的基本情况。

(3)其他情况:指牛的体质类型、健康状况、检疫免疫、疾病等特殊情况,如果此栏位置不够用,可在该页的下部空白处填写。

(4)第四行以下是记录位置,每天一行。日期指挤奶的当天,泌乳月指挤奶当天牛所处的实际泌乳月。前日产奶量指挤奶当日前一天的泌乳量,用于估测当日的泌乳量。每日 3 次挤奶的奶量分别记录并相加求和。乳房情况指乳房是否有红、肿、热、痛等异常情况。乳汁情况指乳汁是否有凝块、沉淀、颜色异常、气味异常、形态异常等

(二)散栏式饲养管理工艺挤奶员工作记录表格

散栏式饲养工艺的特点是泌乳母牛在规定的时间内到挤奶厅集中挤奶,挤奶厅内由数名挤奶员同时操作,挤奶员所操作的泌乳牛是随机的。除了挤奶和清洗挤奶设备外,挤奶员不从事其他工作。挤奶厅挤奶记录表如表 7-3 所示。

表 7-3　挤奶厅挤奶记录表

日　期		班　次		天　气	
挤奶班长		机械值班员		贮奶间值班员	
挤奶操作员					
挤前清洗时间		挤奶开始时间		挤奶结束时间	
挤后清洗时间		清洗液 pH		配制人员	
药浴液浓度		配制人员		奶牛头数	

续表 7-3

挤奶设备状态		真空度		脉动频率	
挤奶设备异常					
本班次奶量		上班次奶量		前一天同班次奶量	
奶罐号		降温时间		保持温度	
乳房或乳汁异常牛号与表现					
特殊情况及处理方式					

使用说明

(1)此表用于挤奶厅集中挤奶的工作记录,由本班次挤奶班长填写,每个挤奶班次一张表格,如果一张表格不够用可加页。

(2)“班次”指该次挤奶为当日的第几次(第一、第二、第三)挤奶或早班、中班、晚班。

(3)“机械值班”与“贮奶间值班”分别指该班次的挤奶设备操作员和贮奶间操作员。

(4)“挤前清洗时间”和“挤后清洗时间”分别指挤奶前后挤奶设备清洗的开始时间和结束时间。

(5)“挤奶设备异常”指该班次挤奶设备发生的异常情况,包括异常发生的时间、原因,异常的现象,解决的方法及结果等。

(6)“奶量”指该班次挤出的全部奶量。

(7)“奶罐号”指该班次所挤牛奶存放的奶罐号。

(8)“降温时间”指从挤奶结束开始到贮奶罐中牛奶温度降至规定温度所花费的时间。“保持温度”指贮奶罐所控制的实际温度。

(9)“乳房或乳汁异常牛号与表现”指该次挤奶所发现的乳房异常和乳汁异常的牛的牛号、现象、处理方式等。

(10)“特殊情况及处理方式”指该班次挤奶所发生的特殊情况与解决方法